21 世纪高等院校电气工程与自动化规划教材

21 century institutions of higher learning materials of Electrical Engineering and Automation Planning

Intelligent Building and Configuration Monitoring Technology

智能楼宇与组态监控技术

范国伟　主编

陶兆胜　方华超　副主编

U0286882

人民邮电出版社

北　京

图书在版编目（CIP）数据

智能楼宇与组态监控技术 / 范国伟主编. -- 北京：
人民邮电出版社，2014.2（2021.2重印）
21世纪高等院校电气工程与自动化规划教材
ISBN 978-7-115-33684-2

Ⅰ. ①智… Ⅱ. ①范… Ⅲ. ①智能化建筑—监视控制
—高等学校—教材 Ⅳ. ①TU855

中国版本图书馆CIP数据核字(2013)第313521号

内 容 提 要

本书是根据我国高等教育的智能楼宇技术现状和发展趋势，针对当前教学改革的需要，对现有的智能楼宇技术内容进行有机整合编写而成的。全书共 10 章，主要内容有智能楼宇技术的基本概念，智能楼宇的供配电系统，智能楼宇的空调系统，智能楼宇的给排水系统，智能楼宇的安全防范系统，智能楼宇的消防系统，智能楼宇综合管理系统（IBMS），智能楼宇的综合布线，组态监控技术的学习和智能楼宇监控组态实训项目等。本书的编写以实用为原则，内容以必需、够用为度，减少了原有课程教学内容重复的部分。本书的特点是讲述透彻，深入浅出，通俗易懂，便于教学。

本书可以作为工科高校和高职院校自动化、电气工程及自动化、测控技术与仪器、材料成型与仪器、机械设计及自动化、机电一体化、智能楼宇等专业的教材，还可以作为维修电工高级工、技师和电类职业培训教材，也可供有关工程技术人员参考使用。

◆ 主　　编　范国伟
　　副 主 编　陶兆胜　方华超
　　责任编辑　李海涛
　　责任印制　彭志环　焦志炜

◆ 人民邮电出版社出版发行　　北京市丰台区成寿寺路 11 号
　　邮编　100164　电子邮件　315@ptpress.com.cn
　　网址　http://www.ptpress.com.cn
　　固安县铭成印刷有限公司印刷

◆ 开本：787×1092　1/16
　　印张：12.25　　　　　　　2014 年 2 月第 1 版
　　字数：274 千字　　　　　2021 年 2 月河北第 9 次印刷

定价：35.00 元

读者服务热线：(010)81055256　印装质量热线：(010)81055316
反盗版热线：(010)81055315

　　随着社会经济的快速发展和生活水平的不断提高，智能楼宇的发展也日新月异，其应用技术得到了社会的广泛认同和重视，因此，尽快培养和造就大批掌握智能楼宇设备自动化系统的技术应用型人才，是我国高等教育的一项紧迫任务。本书正是为了满足高等院校培养楼宇智能化专业及自动化专业和建筑电气类相关专业人才的需求而推出的，期望通过学习能尽快地将楼宇智能化设备运行与控制技术付于实用。同时，对有关人员相关资格的考核培训提供学习和实训的帮助。

　　本书是依据行业实施所涉及的技术标准和规范编写的，主要内容包括楼宇智能化的供配电、空气调控、给水排水、安保监控、消防报警等综合管理系统，并学习用计算机组态的方法快速上手，实现对楼宇智能化设备的运行监控与自动控制。

　　本书取材新颖，实用性较强，较紧密地结合工程实际应用。同时，运用了先进的计算机组态控制技术，突出了先进性和实用性，让读者"在做中学，在学中做，做学结合，以做为主"，将理论知识与技能训练有机地结合起来。

　　本书的建议教学课时为 64 学时，各章的参考教学课时见下面的课时分配表。

序号	课程内容	学时数			
		合　计	讲　授	实　验	复习与评价
1	智能楼宇技术的基本概念	2	2	0	0
2	智能楼宇的供配电系统	4	3	0	1
3	智能楼宇的空调系统	4	3	0	1
4	智能楼宇的给水排水系统	4	3	0	1
5	智能楼宇的安全防范系统	4	3	0	1
6	智能楼宇的消防系统	4	3	0	1
7	智能楼宇综合管理系统	4	3	0	1
8	楼宇智能化的综合布线	4	3	0	1
9	组态监控技术的学习	12	2	10	0
10	智能楼宇监控组态实训项目	20	0	20	0
11	机动	2			2
	合　计	64	25	30	9

　　本书由安徽工业大学范国伟老师任主编，安徽工业大学机械学院陶兆胜博士、安徽工业大学电气信息工程学院方华超工程师任副主编，安徽冶金科技职业学院王平高级技师，马钢股份公司第一能源总厂供电分厂袁军芳高级技师参加了编写，安徽职业技术学院程周教授审阅了全部书稿并提出了很多宝贵意见，在此表示感谢。

　　由于编者水平有限，书中难免有不当之处，在此恳切地希望广大读者批评指正。

编　者

2013 年 10 月

目　录

第 **1** 章　智能楼宇技术的基本概念

智能楼宇（Intelligent Building，IB）也称智能建筑，又称智能大厦。楼宇智能化技术是一门发展十分迅速的综合技术，它以现代建筑为平台，综合应用现代计算机技术、自动控制技术、现代通信技术和智能控制技术，对建筑机电设备进行控制和管理，使其达到高效、安全和节能运行。随着现代化相关技术日新月异地发展，楼宇智能化技术也在迅速地发展并不断增添新内容。图 1-1 所示为现代化智能楼宇群。

图 1-1　现代化智能楼宇群

现代社会对信息的需求量越来越大，信息传递速度也越来越快，21 世纪是信息化的世纪。目前，推动世界经济发展的主要是信息技术、生物技术和新材料技术，而其中信息技术对人们的经济、政治和社会生活影响最大，信息业正逐步成为社会的主要支柱产业，人类社会的进步将依赖于信息技术的发展和应用。

近年来，电子技术（尤其是计算机技术）和网络通信技术的发展，使社会高度信息化，在建筑物内部，应用信息技术、古老的建筑技术和现代的高科技相结合，产生了"楼宇智能化"。楼宇智能化是采用计算机技术对建筑物内的设备进行自动控制，对信息资源进行管理，为用户提供信息服务，它是建筑技术适应现代社会信息化要求的结晶。在我国为举办 2008 年奥运会建造的鸟巢体育馆和水立方游泳馆（见图 1-2）就凝集了许多智能楼宇的控制技术。

图1-2 鸟巢体育馆和水立方游泳馆

1.1 楼宇智能化的概念与特点

智能楼宇即智能型建筑，是指运用系统工程的观点将建筑物的结构（建筑环境结构）、系统（智能化系统）、服务（住、用户需求服务）和管理（物业运行管理）4个基本要素进行优化组合，提供一个投资合理，具有高效、舒适、安全、方便的建筑物，达到有效节省电能、大量节省人力、延长设备使用寿命、有效加强管理、保障设备与人身安全等目的，是应用信息技术与传统建筑的完美结合，实现了对建筑物科学、高效、节能、环保的现代化管理，改善了人类的居住和工作环境。

1.1.1 楼宇智能化系统的概念

什么样的建筑才算是智能化楼宇？目前世界上对楼宇智能化的提法很多，欧洲、美国、日本、新加坡以及国际智能工程学会的提法各有不同。其中，日本的国情与我国较为相近，其提法可以参考，日本电机工业协会楼宇智能化分会把智能化楼宇定义为：综合计算机、信息通信等方面的最先进技术，使建筑物内的电力、空调、照明、防灾、防盗、运输设备等协调工作，实现建筑物自动化（BA）、通信自动化（CA）、办公自动化（OA）、安全防范自动化系统（SAS）和消防自动化系统（FAS），将这5种功能结合起来的建筑，外加结构化综合布线系统（SCS）、结构化综合网络系统（SNS）、智能楼宇综合信息管理自动化系统（MAS）组成，就是智能化楼宇。智能建筑基本结构图如图1-3所示。

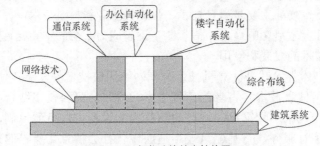

图1-3 智能建筑基本结构图

我国GB/T50314—2006对智能建筑（楼宇）给出如下定义："以建筑物为平台，兼备信息设施系统、信息化应用系统、建筑设备管理系统、公共安全系统等，集结构、系统、服务、管理及其优化组合为一体，向人们提供安全、高效、便捷、节能、环保、健康的建筑环境"。

智能楼宇是一个发展中的概念，智能楼宇的内涵是其功能，内涵会随着时代的发展、实现技术的进步，而不断丰富和发展。楼宇智能化不会是一个终极状态，而是一个不断完善的过程。

楼宇自控系统为基础的系统集成方式，主要通过建筑内的综合布线系统和计算机网络技术，将智能建筑的各个主要子系统采用各种开放式结构，将协议和接口都标准化和规范化。集成的方式主要包括以下几种。

（1）硬件网络系统集成

智能建筑的系统集成结构大多采用二层网络形式，上层为以太网络，下层采用 RS485、LonWorks 等速率较低的标准工控总线方式集成串联各种硬件设备。集成模式还可通过开发与第三方系统的网络接口，将各种系统资料集成到网络主干上，实现集成的目的。

（2）信息系统集成

各楼宇自动控制系统的厂家基本都依照以上的集成原理进行系统集成，并自行开发系统集成的管理软件。楼宇自动控制系统的厂家所开发的系统集成管理软件，通过已经架设好的网络架构系统集成，连接所有与之相关的对象，将信息综合起来并相互作用，以实现整体控制的目标。可采用 OPC（用于过程控制的 OLE）技术和 ODBC（开放式数据库互连）技术实现智能建筑的系统集成。

（3）远程系统集成

数字化建筑的最新集成技术是将信息集成系统建立在内部网上，在 Intranet 的基础上通过 Web 服务器和浏览器在整个网络上进行信息的交换、综合与共享，因此可以远程取得资料或发出连动，将各大型建筑群统一在同一平台做出实时且有效的监控管理。

（4）实时数据与管理资料的集成

智能建筑中包括多个子系统，涉及实时控制和分时管理两个不同的信息处理领域。现场资料的收集与记录成为重要的系统集成对象，因此必须通过现场资料收集器（如 DDC）来完成各个子系统的集成联结，形成一个完整的大系统，实现对建筑物消防、安保、电梯控制、灯光控制、停车、周界防护、门禁等诸多子系统实时数据的集成，并完成各子系统之间的联动控制。

1.1.2　楼宇智能化系统的特点

楼宇智能化技术是电气及自动化技术的发展和延伸。楼宇智能化系统是人类从电气时代走向信息时代过程中，电气与信息相结合的产物。楼宇智能化系统工程具有先进性、综合性、灵活性、智能性等显著特点。

（1）技术上的先进性

20 世纪下半叶，堪称现代科技的匠大成就，即生物工程、信息工程、空间技术、微电子技术和计算机技术获得了突飞猛进的发展。楼宇智能化汇集了信息技术、计算机技术、微电子技术的大量科技成果，并应用于楼宇建设。例如，利用计算机分布控制原理，自动控制空调机组，根据设定值自动调整温度、湿度、压差等参数，通过比例、微分、积分运算，实时进行有效调控。又如，利用信息处理技术有效管理大厦、小区人员出入，进行周边防卫、监控警戒、火灾防范等。在网络信息服务上，楼宇智能化服务的范围越来越广泛，它能提供与外界的各种信息联系，为办公、业务、家庭服务创造良好的信息环境；通过管理中心开放式计算机网络，把多元信息服务与物业管理相结合，为大厦、小区公众和住户提供各类信息服务，如日常管理服务信息、交互电视信息、远程教育医疗检索信息、网上购物信息等；通过互联网遥控家电，并按一定程序管理家务。由此可见，信息技术正在改变着原有社会运行格局，改变着人们的劳动方式和生活方式，改变着社会生产组织和管理体制，成为决定生产力发展速度和经济竞争力的关键因素。

（2）系统上的综合性

系统集成的目标，就是通过对庞大对象内多学科、跨行业、多技术系统的综合与优化，将智能型计算机技术、通信技术、信息技术与被集成对象有机结合，在全面满足功能需求的基础上，集世界优秀产品与技术之长，追求最合理的投资和最大的灵活性，以求得长期最大限度满足经济、社会与环境效益的总目标。对智能楼宇而言，需通过对设备的自动监测与优化控制，对信息资源的优化管理和对使用者的最佳信息服务，达到投资合理，适合信息社会需要，并具有安全、舒适，高效和灵活特点的目标。图1-4所示为智能楼宇的系统集成目标。

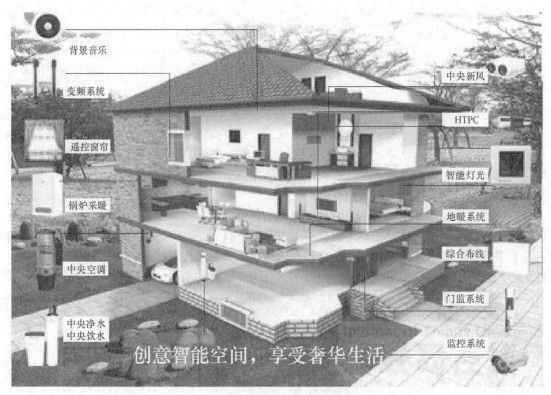

图1-4 智能楼宇的系统集成目标

1.2 智能楼宇系统的组成与功能

近几年来，随着我国国民经济的持续稳定发展以及人民群众物质生活水平的不断提高，家居安全、舒适、便捷已成为每个老百姓关心的实质性问题。这使得建筑楼宇的功能逐渐发生巨大的改变：从单一的封闭型休息居所转向集休息、娱乐、办公等为一体的开放式、智能型多功能智能大楼。另外，世界范围内的电信业的重新调整和飞速发展，使电信服务商、有线电视服务商、硬件设备及其他新兴企业参与通信业务的竞争。随着数字广播电视卫星和电信供应商支持视频服务，有线电视（CATV）运营商将面临一个崭新的竞争时代。个人对 PC 的需求达到了创记录的数字，并且在短时期内会继续发展，因特网（Internet）、综合业务数字网（ISDN）、电子邮件（E-mail）等，正在成为人们生活中不可缺少的一部分，并且这方面的需求还在飞速增长。因此，建筑的自动化、现代化、智能化就成为房地产开发商的一个极具竞争力的卖点。图 1-5 所示为上海浦东的智能楼宇的超高层建筑。

图 1-5　上海浦东的智能楼宇的超高层建筑

理想的智能化功能的实现，主要依赖于计算机、通信、自动控制等多项关键技术的飞速进展。智能化工程各系统要体现当今时代潮流，设计合理，具有既可单独操作控制，又能整体管理的功能，安装维护方便，安全可靠。

建筑智能化工程包括以下方面：

①　计算机管理系统工程；

②　楼宇设备自控系统工程；

③　保安监控及防盗报警系统工程；

④　智能卡系统工程；

⑤　通信系统工程；

⑥　卫星及共用电视系统工程；

⑦　车库管理系统工程；

⑧　综合布线系统工程；

⑨　计算机网络系统工程；

⑩　广播系统工程；

⑪　会议系统工程；

⑫　视频点播系统工程；

⑬　智能化小区综合物业管理系统工程；

⑭ 可视会议系统工程；

⑮ 大屏幕显示系统工程；

⑯ 智能灯光、音响控制系统工程；

⑰ 火灾报警系统工程；

⑱ 计算机机房工程。

1.2.1 智能楼宇系统的组成

智能化楼宇的基本要求是，有完整的控制、管理、维护和通信设施，便于进行环境控制、安全管理、监视报警，并有利于提高工作效率，激发人们的创造性。简言之，楼宇智能化的基本要求是：办公设备自动化、智能化，通信系统高性能化，建筑柔性化，建筑管理服务自动化。楼宇智能化系统的基本内容如图 1-6 所示。

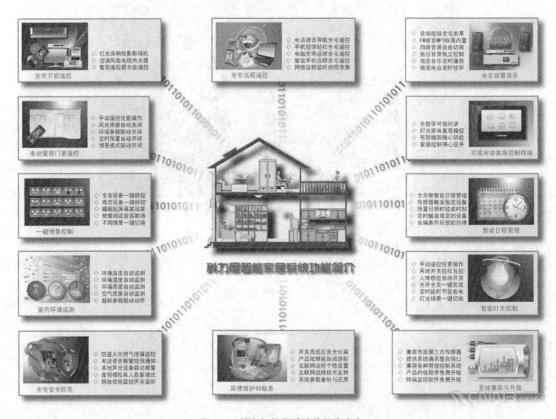

图 1-6　楼宇智能化系统的基本内容

楼宇智能化提供的环境应该是一种优越的生活环境和高效率的工作环境。

● 舒适性。使人们在智能化楼宇中生活和工作（包括公共区域），无论是心理上还是生理上均感到舒适，为此，空调、照明、噪声、绿化、自然光及其他环境条件应达到较佳或最佳状态。

● 高效性。提高办公业务、通信、决策方面的工作效率，节省人力、时间、空间、资源、能耗、费用，以及建筑物所属设备系统使用管理的效率。

● 方便性。除了集中管理、易于维护外，还应具有高效的信息服务功能。

- 适应性。对办公组织机构、办公方法和程序的变更以及设备更新的适应性强，当网络功能发生变化和更新时，不妨碍原有系统的使用。

- 安全性。除了要保证生命、财产、建筑物安全外，还要考虑信息的安全性，防止信息网中发生信息泄露和被干扰，特别是防止信息数据被破坏、被篡改，防止黑客入侵。

- 可靠性。选用的设备硬件和软件技术成熟、运行良好、易于维护，当出现故障时能及时修复。

对智能楼宇系统的基本要求是：智能楼宇系统的建设要达到建设部提出的智能建筑的标准。

所谓智能建筑物管理系统（Intelligent Building Management System，IBMS），它是以目前国际上先进的分布式信息与控制理论为基础而设计的计算机分布式系统（Distributed Computer System，DCS）。它综合利用了现代计算机技术（Computer）、现代控制技术（Control）、现代通信技术（Communication）和现代图形显示技术（CRT），即 4C 技术。

智能建筑简单来说，就是利用 IBMS 进行管理的建筑。智能建筑通过对建筑物的 4 个基本要素，即结构、系统、服务和管理，以及它们之间的内在联系，以最优化的设计，提供一个投资合理又拥有高效率的幽雅舒适、便利快捷、高度安全的环境空间。智能建筑能够帮助大厦的主人、财产的管理者和拥有者，在诸如费用开支、生活舒适、商务活动和人身安全等方面得到最大利益的回报。

其主要的特征，就在于它的"智能化"，在于它所采用的多元信息传输、监控、管理以及一体化集成等一系列高新技术，以实现信息、资源和任务的共享，达到向人们提供全面的、高质量的、安全、舒适、快捷的综合服务的目标和节能的效果。

为了完成这一目标，需要在建筑物内建立一个综合集成的计算机网络系统。该系统应能将建筑内的设备自控系统、通信系统，各种管理系统、办公自动化系统集成为一体化的综合计算机管理系统。

对于智能建筑而言，选择什么样的系统和设备，既可以满足当前用户的需求，同时又能兼顾用户需求发展的要求，有效的、最充分的利用业主的初期投资为用户营造一个安全、方便、舒适、便捷的办公环境，是当前智能建筑业者所追求的目标，即生活环境更幽雅舒适和高度安全；完善的通信系统使得建筑物内外的数据通信、语言通信和影像通信成为可能；先进的办公自动化系统更使建筑物内有关政治、经济活动所需要的方便、快捷、高效变成现实。特别是近几年在国际上随着智能建筑管理系统的完善以及综合业务数字网（ISDN）、双绞线分布数据接口（TPDDI）、光纤分布数据接口（FDDI）等的出现和推广，使得智能建筑物内外各种信息、数据图像的高速传输和大容量传输成为可能。

综合布线系统是连接 CAS、OAS、BAS、SAS、FAS 的神经中枢，它的任务就是传输各系统所需的语音、数据、文字、图像等各种类型的信息，以实现信息的交换、软硬资源的共享。综合布线可以解决传统的单一系统中各自为政、线路交叉、混乱和无法集中管理的弊端。它能适应在出租办公室体制中，房间使用功能多变的情况下，以不变应万变的敷线布局问题。

楼宇自控系统也叫建筑物自动化系统（Building Automation System，BAS），指建筑物本身应当具备的自动化控制功能，它将建筑物内的电力、照明、空调、电梯、给排水、送排风等设备，进行集中监视、控制和管理，而构成的一个综合系统。它的目的是保证建筑物成为健康、舒适、温馨的生活环境和高效的工作环境，并保证系统运行的经济性和管理的智能化。

安全防范系统（Security Automation System，SAS）是对建筑物内部各重要空间、走廊、通道等实施 24 小时的监视和监控，在出现意外情况时及时向大楼保安部门及警方发出报警信号，并实时记录出事现场状况，保障人们在建筑物内部生活和工作的生命和财产安全。

通信自动化与网络技术是密不可分的。它指建筑物本身应具备的通信能力，包括对语音、数据、图像等信息进行采集处理、传递的系统。它包括建筑物或建筑群内部的局域网和对外联络的广域网和远程网。目前，通信自动化系统（CAS）主要有电话通信网、局域网和广域网、综合业务数字网、卫星通信网、有线电视网等。图 1-7 所示为智能小区安防监控系统示意图。

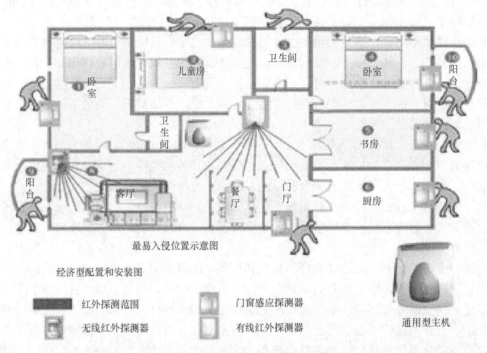

图 1-7　智能小区安防监控系统示意图

办公自动化系统是智能建筑的重要组成部分之一，实现办公自动化就是要利用先进的技术和设备来提高办公效率和办公质量，改善办公条件，减轻劳动强度，实现管理和决策的科学化，防止或减少人为的差错和失误。

传统的办公系统和现代化的办公自动化系统的最本质区别是信息存储和传输的媒介不同，传统的办公系统利用纸张记录文字、数据和图形，利用照相机或摄像机胶片记录影像，利用录音机磁带记录声音。这些都属于模拟存储介质，所利用的各种设备之间没有自动的配合，难于实现高效率的信息处理、检索和传输，存储介质占用的空间也很大。

现代化的办公自动化系统中，利用计算机和网络技术使信息以数字化的形式在系统中存储和流动，软件系统管理各种设备自动地按照协议配合工作，使人们能够高效率地进行信息处理、传输和利用。办公自动化技术的发展将使办公活动向着数字化的方向发展，最终将实现无纸办公。

1.2.2 智能楼宇系统的功能

楼宇智能化系统的基本功能应包括以下内容。

① 智能化工程各系统要体现当今时代潮流，设计合理，具有既可单独操作控制，又能整体管理的功能，安装维护方便，安全可靠。

② 建立大楼的计算机数据网络，满足用户的信息服务要求。

③ 建立大楼的安全防范系统，方便大楼的封闭管理，为用户提供一个安全、舒适的生活环境。

④ 所用设备采用技术先进、成熟可靠、性能价格比较高的产品。

⑤ 所用设备便于操作、便于维护，稳定性好。

随着智能建筑的大型化、多功能化和服务项目的不断增加，建筑内所采用的机电设备、通信设备和办公自动化设备种类不断增多，其管理已非人工所能应付。因此，智能建筑物管理系统应运而生。

1.3 智能楼宇的发展趋势

建筑是人类一定历史时期科学技术和文化艺术的结晶，它必然要吸收当时的先进技术，必然要反映当时生产力的发展水平。建筑技术与其他门类的科学技术是同步发展、相互关联、互为条件的。建筑材料由草木、土木、砖瓦石、混凝土向钢筋水泥发展的过程中，建筑物由单层、多层、高层向超高层发展。今日的建筑，特别是大型高层建筑，它不仅是城市文化的标志，更是城市信息化的重要支撑点——信息网络的结点。信息化浪潮的外部环境和人们对建筑提供信息服务的要求，以及建筑自身管理和销售都强烈地依赖信息，都使智能建筑的兴起和发展成为必然。

国内近几年智能建筑的发展，已经带动和促进了相关行业的迅速发展，已经成为高新技术产业重要的组成部分。智能建筑技术的不断迅速发展和智能建筑领域的持续扩展将会使相关的产业规模不断壮大和发展速度不断加快。近年来不断壮大产业队伍和已形成的产业规模就是例证。

智能建筑的发展，也带动了建筑设备智能化技术的快速发展。近年来制冷机组、电梯、变配电、照明等系统与设备的控制系统的智能化程度越来越高，一方面为智能建筑功能的提高提供了有力的技术支持，另一方面也促进了相关行业产品技术水平的不断提高和产品的更新换代。

智能建筑及其相关高新技术产业得以在世界范围内高速发展，绝非个人意志所及，其适应时代发展需要的固有优势，尤其是巨大的经济效益，使之充满活力，方兴未艾，并将成为21 世纪的主要高技术产业之一。智能化系统也可以从模块化发展，如图 1-8 所示。

1.3.1 智能楼宇建设上的应用

1986 年，由国家计委与科委共同立项，由中国科学院计算技术研究所承担的软课题《智能化办公大楼可行性研究》开始立项并进行工作。同年，由日本投资，北京市建筑设计院主持设计工作的北京发展大厦投入建造，1989 年建成并投入使用。这座位于北京东三环路上的20 层建筑应当被认为是我国的第一栋有明确设计定位的智能大楼。尽管如此，鉴于当时的一

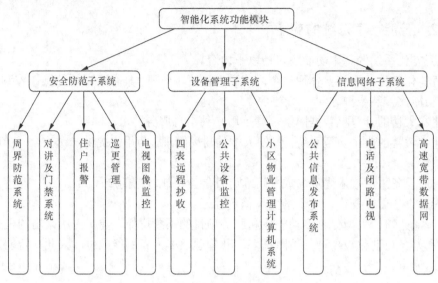

图 1-8　智能化系统的模块化发展

些条件，智能建筑作为一个行业和一个时代的标识，还没有在社会上得到广泛的认可，只是在一些个别建筑物上采用了较为完善的设备体系，体系之间只能做到一些必要的联动，只有有限的通信功能和计算机应用，还谈不上集成。到了 20 世纪 80 年代后期，开始出现介绍智能建筑的文章，宣传了建筑"智能化"的概念。这一阶段是我国智能建筑发展的启蒙时期，为日后的发展进行了准备工作。

我国智能建筑的发展真正形成规模是在 1992 年前后，在邓小平同志南巡讲话的鼓舞和鼓励之下，重申了我国改革开放的总方针，各地兴建了若干开发区，特别是房地产市场的开放。在这样的大气候下，建设规模空前扩大。同时，在经过一系列对国外情况的调查之后，对建设标准和设施规格的要求也不断提高并逐步与国外接轨，加上当时一些国际上有关智能建筑的先进产品和品牌已先后进入我国，大环境的需求与技术上的可能结合起来，使得智能建筑一发而不可收地发展起来。

现在我国已建成了一批技术水平较高、设施完善、效益明显、管理到位的智能建筑。但是从总体上看，行业管理和市场的整顿还仅仅是开始，特别在技术上还缺乏统一的规范要求，为此，国家技术监督局和建设部在 2000 年 7 月颁布了国家标准"智能建筑设计标准"（GB/T50314—2000），基本上总结了近十年智能建筑的建设经验，对统一技术要求起到了一定的作用。

智能建筑跨及多个行业，它除了涉及自动化、计算机网络、通信、供暖空调以及土建等行业以外，"智能建筑与绿色建筑结合起来"的提法表明它已向环境保护和节能技术方面发展。随着我国房地产业的不断发展，智能化建筑也从写字楼逐渐发展到住宅和居住小区，这同时也促进了楼宇智能化技术的不断发展与完善。

与发达国家相比，我国的楼宇自动化控制技术还是一个新兴的技术领域。智能建筑技术发展异常迅速，各行各业中的高新科技都会直接或间接地反应到智能建筑中来。因此，我们必须紧密跟踪这些最新的技术发展，吸收、消化，并将它们用在工程实践之中。

1.3.2　智能住宅小区建设上的应用

智能化社区是通过数字化信息将管理、服务提供者与每个住户实现有机连接的社区。这种数字化的网络系统，使社会化信息提供者、社区的管理者与住户之间可以实时地进行各种形式的信息交流。由于现代网络浏览器的先进性以及多态的表现性，加上各种网络多媒体技术的应用，从而营造出了一个丰富多彩的虚拟社区。该虚拟社区以现实社区为支撑，是现实社区的发展和延伸，所以社区仍为主体。现实的社区可提供具体建筑物和环境，而虚拟社区是基于网络之上的，所提供的服务是有形的，具体化的。虚拟是在网络空间的虚拟，但为现实社区拓展跨地域的空间，与外部有广泛联系，使更多的社会资源能够共享和跨地域提供服务在社区成为可能。图 1-9 所示为智能小区综合系统构架图。

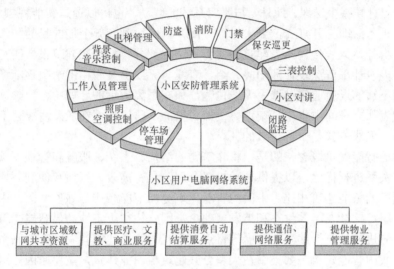

图 1-9　智能小区综合系统构架图

智能化社区的概念相应实现了信息数字化的社区理念，而社区的管理、社区的文化建设、社区提供的服务之所以能统一在一个数字化社区，由于有一个数字化的平台。数字化社区比传统社区能提供更加有效的管理，更加丰富的文化，更加全面的服务，能实现一个环境优雅、设施齐全、生活方便、居住安全的环境。

智能小区是在智能化大楼的基本含义中扩展和延伸出来的。它通过对小区建筑群 4 个基本要素（结构、系统、服务、管理以及它们之间的内在关联）的优化考虑，提供一个投资合理，又拥有高效率、舒适、温馨、便利、安全、和谐的居住环境。与智能大楼相比，智能小区更注重于满足住户在安全性、居住环境的舒适性、便利的社区服务与社区管理、具有增值应用效应的网络通信等方面的实现和个性化需求。随着 21 世纪的到来，人类逐步跨入了信息时代。信息技术的应用逐步进入千家万户，我国也在《2000年小康型城乡住宅科技产业工程项目实施方案》中，将建设智能化小康示范小区列入国家重点的发展方向。随着智能化技术从大厦走向小区，迈进千家万户，信息技术在住宅小区智能化中越来越重要，在一定程度上，可已认为智能化小区＝住宅楼宇的智能化+小区网络化。

1.3.3　公共建筑方面的应用

智能楼宇技术在公共建筑方面的应用也有很大发展，如智能分析技术是当前安防行业的大热门。在公共建筑中，目前已有的智能分析应用大致可以归纳为 3 种：周界监控、消防防灾识别、与楼控系统的集成应用，较有新意的是后两种应用。

首先来看看消防防灾识别。通常消防系统都是通过烟雾探测器分析烟雾浓度而产生火灾报警，但是此类探测器只适用于较小空间内，一般为 $10 \sim 20 m^2$。但新建建筑基本都已经远远超过这一空间范围，都是数十倍数百倍于此，烟雾探测器显然无法满足应用需求。这时候，智能分析便派上了用场，通过对空间内烟雾浓度的分析，判断是否发生火灾后将信息反馈上传至中心，这是监控系统与消防系统联动的典型模式，部分园区和体育场馆都有应用到此技术。

另一个应用是通过智能分析点人数的功能来调节空调的温湿度，人多的时候降低温度增加送风，人少的时候减少送风。此外，与照明系统的联动，也可以通过智能视频分析来进行，当观测到有人进入后即打开灯光，无人时则关闭，以此达到有效节能的目的。

除智能分析外，无线传输也是建筑中值得关注的部分。据华东建筑设计研究院有限公司机电设计所智能设计部资深设计师印骏介绍，有线与无线交叉应用的情况逐渐增多，在不方便布线或距离不够的场所通常都选用无线传输，如在距离较远的厂房中，门禁读卡器与控制器的连接，或者孤立空间内水电、空调等楼控数据的上传等。而在应急情况之下，当有线线路遭到破坏时，无线方式是一种有效的补充。

国际通用的智能建筑概念指的是，将建筑物的结构、系统、服务和管理 4 项基本要求以及它们的内在关系进行优化，以提供一种投资合理，具有高效、舒适和便利环境的建筑物。

与其他国家的智能建筑相比，中国的智能建筑更加节能减排与绿色低碳。由于中国智能建筑理念契合了可持续发展的生态和谐发展理念，因此往往更多地凸显智能建筑的节能环保性、实用性、先进性及可持续升级发展等特点，而且与绿色建筑有着紧密的联系。

现阶段，我国智能建筑主要集中在大型公共建筑与商业建筑，主要原因为这类建筑智能化节能效果更加明显。目前，美国有高达 70% 的新建筑为智能建筑，日本的比例为 60%，而我国这一比例仅为 20% 左右。不过，来自前瞻产业研究院的研究显示，到 2015 年这一比例将有望达到 30%。当前，我国北京、上海、广州、深圳等地的智能建筑行业已脱离幼稚期，开始向成长期发展，预计国内其他城市也将全面跟上。据预测，当前中国智能建筑市场规模约为 1000 亿元左右，年增约为 20%。目前我国智能建筑行业技术的发展，已经从传统的楼宇自动化、办公自动化、安防、节能化过渡至物联网、云计算以及大数据的应用。

复习与思考题

1. 什么样的建筑才是智能建筑？
2. 智能建筑是由哪几部分组成的？各自的主要作用有哪些？
3. 与传统建筑相比，智能建筑的优势体现在哪些方面？
4. 智能建筑的支持技术有哪些？
5. 简述智能建筑所具备的六性。
6. 为什么说楼宇智能化技术是一个新学科？它要解决什么问题？
7. 简述智能建筑的产生及发展趋势。

第 2 章　智能楼宇的供配电系统

各类建筑为了接受从电力系统送来的电能，需要有一个内部的供配电系统。楼宇供配电系统由高压及低压的配电系统、变电站（配电站）和用电设备组成。它是整个建筑物的动力系统，为楼宇内部的空调系统、给排水系统、照明系统、电梯系统、消防及安防系统等提供正常运转所需的电力能源。

2.1　供配电系统

供配电产业的发展及可靠性对国民经济的发展起着举足轻重的作用，全国各地重点工程项目、标志性建筑/大型公共设施等大面积多变电所用户的急剧增加，对供配电系统的可靠性、安全性、实时性、易用性、兼容性及缩小故障影响范围提出了更高的要求。电力系统监控的范围如图 2-1 所示。

供配电系统参照如下标准。

- GB2887—2000《计算站场地技术要求》。
- GB/T13729—2002《远动终端通用技术条件》。
- DL478—2001《静态继电保护及安全自动装置通用技术条件》。
- DL/T400—2010《继电器和安全自动装置技术规程》。
- DL/T 814—2002《配电自动化系统功能规范》。
- DL/T634—2002《远动设备和系统传输规约基本远动任务配套标准》。
- DL/T721—2000《配电网自动化系统远方终端》。
- DL/T770—2001《微机变压器保护装置通用技术条件》。
- GB/T50063—2008《电力装置的电测量仪表装置设计规范》。
- GB—14285—2006《继电保护和安全自动装置技术规程》。
- GBJ232—2002《建筑电气工程施工质量验收规范》。
- GB/T15145—2001《微机线路保护装置通用技术条件》。
- GB50171—2006《电气装置安装工作盘、柜及二次回路结线施工及验收规范》。
- GB/50198—2011《监控系统工程技术规范》。
- GB/T17626.5《浪涌（冲击）抗扰度试验》。
- DL/T5003—2005《电力系统调度自动化设计技术规程》。
- IEC-61131-3《图形可编程标准》。

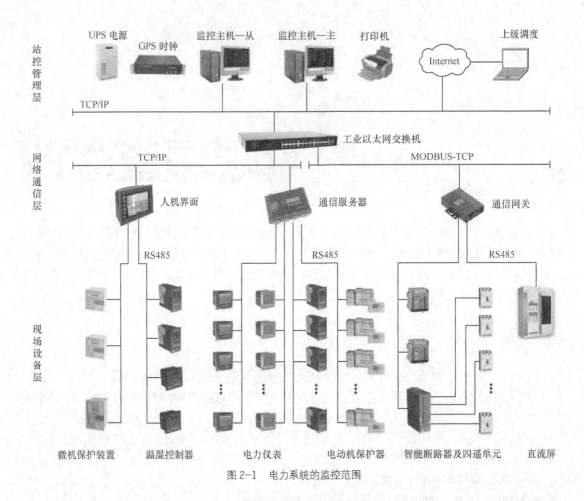

图 2-1 电力系统的监控范围

智能楼宇用电设备的种类多、负荷密度大（一般大于 100W/m²），而且用电负荷比较集中。一般情况下，空调负荷约占总用电量的 45%，照明负荷占总用电量的 20%~30%，电梯、水泵及其他动力设备占总用电量的 25%~35%。一些智能化设备属于连续不间断工作的重要负荷，供电可靠性和电源质量是保证智能化设备及其网络稳定工作的重要因素。因此，智能楼宇对供电的要求如下。

2.1.1　保证供电的可靠性

根据智能楼宇的特点，为了保障楼内人员和设备的安全，对供电的可靠性提出了特殊的要求。应根据建筑物内用电负荷的性质和大小、外部电源情况、负荷与电源之间的距离来确定电源的回路数，保证供电可靠。由于智能建筑用电负荷大，因此应对负荷进行分析，合理化分级别，以便正确的设计供配电系统，又不致造成浪费使建筑费用增加。

除了具有外部电网的可靠电源外，还应有备用的发电机组，作为应急电源，备用发电机组的容量要能保证全部一级负荷和部分二级负荷供电（主要保证消防设备和事故照明装置供电）。根据负荷的大小，同供电部门协商确定量回路电源是同时供电，还是采用一用一备的供电方式，并由此确定高压供电系统是单母线分段运行还是单母线运行。

2.1.2　满足电源的质量要求

稳定的电源质量是用电设备正常工作的根本保证，电源电压的波动、波形的畸变、多次谐波的产生都会对智能建筑用电设备的性能产生影响，对计算机及其网络系统产生干扰，导致降低设备的使用寿命，使控制过程中断或造成失误。所以，应该采取措施减少电压损失，防止电压偏移，抑制高次谐波，为智能建筑提供稳定、可靠的高质量电源。

2.1.3　减少电能损耗

智能建筑配电电压一般采用 10kV，只有证明 6kV 确有明显优越性时，才采用 6kV 电压，有条件时也可采用 35kV 配电电压。高压深入负荷中心，以减少 6～10kV 配电线路中的电能损耗，这对节约用电及降低经营成本，加强维护管理等方面都有实际意义。

2.2　电源质量标准

电源质量的好坏直接影响到用电设备的工作性能，关系到电力系统是否安全可靠地运行。电源的质量指标主要有电压偏移、电压波动、电压频率、电压的谐波及电压的三相不平衡程度等。

2.2.1　电压偏移

各种电压设备的铭牌上都标有一个额定电压值。但在实际运行中由于电力系统的负荷变化及用户本身负荷的变化等原因，往往使用电设备的端电压值产生偏移，一般规定电压值偏移不超过 ±5%，当电压过高或过低时，监测系统应予以报警，同时需采取系统或局部的调压及保护措施。对电压偏移的改善一般要求在电网的高压侧采取措施，使电网的电压随负荷的增加而升高，反之负荷减少则电压降低。对于重要的负荷，宜在受电或负荷端设置调压及稳压器。

2.2.2　电压波动

由于大容量设备的频繁起动往往引起电压的经常波动，特别是对照明及电子型的设备特别敏感，电压的经常波动引起照明的频闪，给人们一种不舒适的感觉，对人们的心理影响很不好。电子设备、智能型设备在电压波动经常的影响下，往往不能正常工作，甚至损坏。采取的办法包括：对大容量设备采用专用变压器供电，例如空调专用变压器与照明设备、电子设备和智能型设备供电变压器分开；经常起动的大容量设备采用降压起动的方式，降低对电网的冲击。

2.2.3　电压频率

在电气设备的铭牌上都标有额定频率。我国电力工业的标准频率为 50Hz，美国、日本等国为 60Hz。由于频率直接影响各种电器设备的阻抗值及各种交流电动机的转速，直接影响电子系统运行的稳定性，因而对频率的要求比对电压值的要求严格得多，一般不得超过 ±0.5%。

2.2.4　谐波

电力系统中交流电的波形理论上为正弦波，但在实际中由于三相电气设备的三相绕组不完全对称，带有铁芯线圈的励磁电流装置及大型可控硅整流装置产生了于 50Hz 基波成整数倍的高次谐波。由于电气设备的感抗和容抗都与频率成比例，使电网中功率损耗和能量损失增大，各种电机、电器设备发热，使寿命缩短。同时，使自动化设备、通信设备、计算机设备的工作质量受到干扰，甚至破坏。对电力系统中产生谐波的电力设备应采取措施，限制其产生谐波，如回路中加电抗器或用隔离变压器和电源滤波器。

2.2.5　三相系统中电压的不平衡

在低压系统中一般采用 Y/Y_0 的三相四线制，单相负荷接于相电压上。由于单相负荷在三相系统中不可能完全平衡，因而 3 个相电压不可能完全平衡。当不平衡电压加于三相电动机或三相设备时，由于相电压的不平衡使得三项设备的负荷电流增加，对电动机来讲增加了转子内的热损失。当电动机相电压的不平衡超过 2%时，在接近满负荷运行时就会产生过热，时间长了会烧坏绕组。对于电子设备，如计算机，在相电压不平衡大于 2%～2.5%时，也可能受到影响。因此，在设计中应尽可能使单相负荷均匀地分布在三相中，对相电压不平衡敏感的单相设备应分开供电。

2.3　供配电系统基本构成

智能楼宇供配电系统是接收、转换、分配和输送电能的系统。它主要由变配电设备和线路构成。变配电设备用于接收、转换和分配电能，由变电站或配电站（只接收和分配电能）实现；线路用于输送电能。表示变配电站中各电器元件之间电气连接关系的电气图叫主接线图，表示电源点向用电点的电能输送路径的接线图叫作供配电方式接线图。

2.3.1　变配电站常用主接线

智能楼宇供配电系统的变配电站通常由高压系统和低压系统两部分组成，如图 2-2 所示，它有一路进线的主回路和两路进线的主回路。

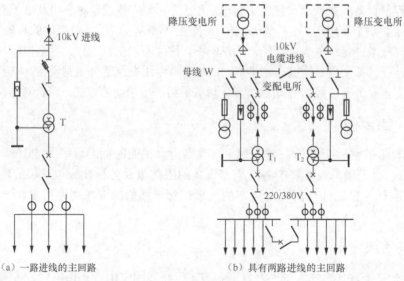

（a）一路进线的主回路　　　　　（b）具有两路进线的主回路

图 2-2　常用主接线形式

高、低压系统的常用主接线形式有单母线不分段接线和单母线分段接线。图 2-3 所示高压系统为单母线不分段主接线，低压系统为单母线分段主接线。

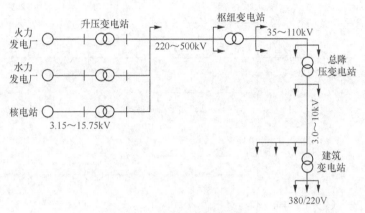

图 2-3　供配电系统示意图

为满足供电可靠性要求，高压侧进线可以是一个回路或多个回路，较为普遍的是两个回路进线的情况，正常时一用一备，当正常工作电源因故停电时，备用电源自动投入运行；低压侧设自备柴油发电机组，当电力系统中断供电时，由自备柴油发电机向重要负荷供电。

2.3.2　常用供配电方式

对于低压系统来说，常用的供配电方式主要有放射式、干线式和环状式，如图 2-4 所示。放射式和干线式两种方式都可以是单回路或双回路形式。

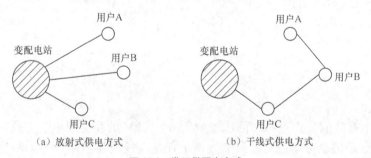

（a）放射式供电方式　　　　　（b）干线式供电方式

图 2-4　常用供配电方式

（1）放射式配电方式

放射式配电系统从一个中心点放射式的向各负载供电，各负载与中心点之间用固定安装的电缆连接，沿线不接其他负荷，各配电变电所无联系。向各负载供电的馈电系统成套装配在一起形成配电中心，该配电中心可以制成配电开关柜、开关板和组合式配电控制箱。图 2-5（a）所示为单回路放射式，图 2-5（b）所示为双回路放射式。

放射式配电方式的优点是：线路敷设简单，维护方便，供电可靠，不受其他用户干扰。

（2）树干式配电方式

树干式配电方式是指由总降压变电所引出的各路高压干线沿市区街道敷设，各中小型企业变电所都从干线上直接引入分支线供电，如图 2-6 所示。

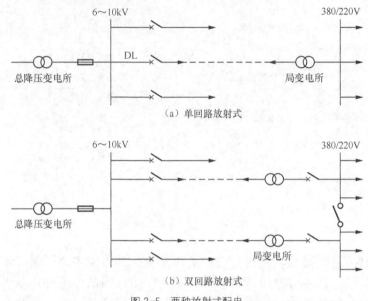

（a）单回路放射式

（b）双回路放射式

图 2-5　两种放射式配电

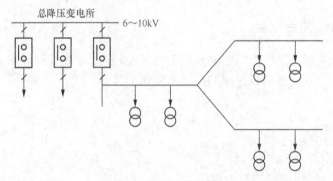

图 2-6　树干式配电方式

树干式配电方式的优点是：总降压变电所 6～10kV 的高压配电装置数量减少，投资可相应减少。缺点是供电可靠性差，只要线路上任意一段发生故障，将影响线路上变电所的供电。

（3）环状式配电方式

图 2-7 所示为环状式配电方式，即指由总降压变电所分别引出两路高压干线，从左右两侧沿各中小企业变电所敷设，并构成环状供电方式。环状式配电方式的优点是运行灵活，供电可靠性较高，当线路的任何地方出现故障时，只要将故障邻近的两侧隔离开关断开，即可切断故障点，使供电恢复。为了避免环状线路上发生故障时影响整个电网，通常将环状线路中某个隔离开关断开，使环状线路呈"开环"状态。

对于重要设备或者单台大功率设备，通常采用供电可靠性好的放射式供电方式；对于不太重要的且分散的较小功率设备，通常采用干线式供电方式。双回路放射式和干线式供电方式都具有较好的可靠性，可以对重要设备供电。

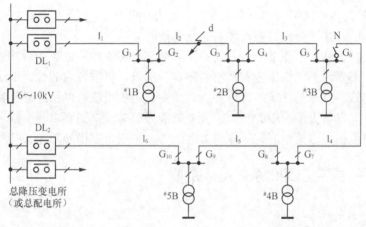

图 2-7　环状式配电方式

2.4　对供配电系统的基本要求

2.4.1　满足供电可靠性要求

供电可靠性是指系统用电设备供电的连续性。根据建筑物内用电负荷的性质和大小、外部电源情况、负荷与电源之间的距离，确定电源的回路数，保证供电可靠。

建筑物供配电系统的可靠性由两方面来满足：一方面是要求有可靠的外部电源；另一方面是要求内部供配电系统的主结线和供配电方式要满足要求，在系统发生部分故障时，仍能满足连续供电的要求。

2.4.2　满足电能质量要求

稳定的电源质量是用电设备正常工作的根本保证，电源电压的波动、波形的畸变、谐波的产生都使智能建筑的用电设备性能受到影响，对计算机及其网络系统产生干扰，导致降低使用寿命，使控制过程中断或造成失误等。所以，应该采取措施，减少电压损失，防止电压偏移，抑制高次谐波，为智能建筑提供稳定、可靠的高质量电源。

电能质量主要有频率和电压两大指标，其中，频率指标主要由电力系统调控，电压指标则需由电力系统和用户供配电系统一起来调控。电压质量指标主要有电压偏移、电压波动、谐波及电压的三相不平衡度。

2.4.3　智能楼宇供配电系统的特点

① 由于用电量大，一般供电电压都采用 10kV 标准电压等级，有时也可采用 35kV，变压器装机容量大于 5000kVA，并设内部变配电所。

② 按照《智能民用建筑设计防火规范》（GB 50045－95）的有关要求，为了确保智能建筑消防设施和其他重要负荷用电，智能建筑一般要求两路或两路以上独立电源供电，当其中一个电源发生故障时，另一个电源应能自动投入运行，不至同时受到损坏。另外，还须装设应急备用柴油发电机组，要求在 15s 内自动恢复供电，保证事故照明、计算机设备、消防设

备、电梯等设备的事故用电。

③ 智能建筑的用电负荷一般可分为空调、动力、照明等。在超智能建筑中通常采用变压器深入负荷中心的方式，变压器进入楼内而且上楼。

④ 变压器进入楼内，不能采用一般的油浸式变压器和油断路器等在事故情况下能引起火灾的电气设备，而采用干式变压器和真空断路器。所以，目前国内的普遍做法是：一般的大中型智能办公建筑，有一路 10kV 市电加应急柴油发电机组就可以了；对于特别重要和用电量很大（例如计算容量大于 5000kVA）的大型智能办公建筑，则要求两个独立的市电电源再加应急柴油发电机组。应急电源与工作电源之间必须采用可靠措施防止其并列运行。

2.5 智能楼宇供配电自动化系统设计原则

2.5.1 稳定可靠性原则

必须保证供配电自动化系统具有高的可靠性和抗干扰能力。宜选用成熟的、通过国家认定的检测机构检测的，经过现场运行考验的综合保护与测量一体化技术的自动化系统。

2.5.2 设计规范性原则

供配电自动化系统的设计应执行国家、行业的有关标准、规范及规程、规定。优先选择生产、服务规范化的供配电自动化系统。供配电自动化系统的各种接口规约应逐步采用国家或行业标准，对特殊通信规约应具备详尽规约文本。直流系统及计量系统的建设宜与供配电自动化系统通盘考虑。

对于楼宇供配电自动化建设，宜推行分层分布式系统。充分应用现场总线等先进通信技术解决楼宇内数据交换问题。

2.5.3 保护功能独立性原则

由于保护在供配电系统中的特殊重要地位，自动化系统中保护功能应相对独立，不依赖于通信网，其他一些重要的控制设备，如备用电源自动投入装置等，也不依赖通信网，而设置专用的装置。

2.5.4 分散化原则

单元装置可靠性高，抗干扰能力强，部分间隔设备具备就地安装能力，并逐步向全分散全下放化过渡。

2.5.5 灵活开放性原则

自动化系统应具备灵活的结构平台，系统扩展方便。供配电自动化系统必须具备与楼宇自动化其他系统集成的能力。

2.6 智能楼宇供配电系统自动化的功能配置

智能建筑供配电系统是整个智能建筑物的动力系统，它为建筑物内部的空调系统、给排水系统、照明系统、电梯系统、消防及安防系统等提供正常运转所需的电力能源。建筑供配电系统一般为 10kV 小电流接地系统，供电方式有单母线方式、双母线方式和双供电方式，负荷具有密度大（一般大于 100W / m²）、峰谷差率大、谐波大的特点。实现中压系统自动化一般采用微机保护装置，而实现低压系统自动化一般采用网络电力仪表。

早期的继电保护大都采用电磁式保护，接点多、接线烦琐、调试整定困难、可靠性差。微机保护采用计算机技术、电力自动化技术、通信技术等多种高新技术，集保护、测量、控制、监测、通信于一体，是实现电力系统自动化的基础硬件装置，是构成智能化开关柜的理想电器元件。

智能楼宇供配电微机保护系统，如图 2-8 所示，微机保护装置应具有下述功能。

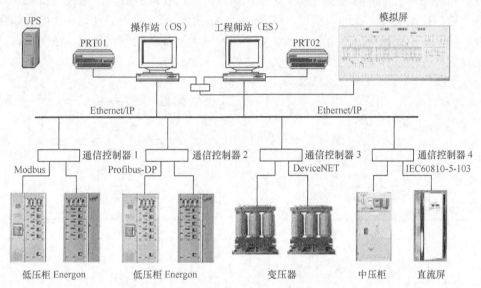

图 2-8　智能楼宇供配电微机保护系统

（1）保护功能

保护功能包括速断、限时速断、定时限（反时限）过流、零序电流、低压、变压器温度、瓦斯、重合闸、备自投、PT 切换、接地、控制回路断线告警等，各保护单元也可根据用户要求加入低电压闭锁过电流、不平衡电流、PT 断线报警等保护。

（2）测量功能

测量功能包括相/线电压、相/线电流、保护电流、零序电流、功率因数、频率、有功功率、无功功率、有功电度、无功电度以及电度累计量。

（3）远方管理

通过总控单元可实现远方控制、远方信号、远方调整、远方测量、远方改变定值、保护远方投退、远方设定电度底码、信号远方复归等功能。

（4）通信功能

通过 RS485/CAN/以太网通信接口，实现远方通信及控制。

（5）控制功能

本地/遥控操作各类可控开关设备，如断路器的分合操作等。

（6）事件追忆功能

具有 30 个以上事件追忆功能，可记录事件的时间、类型及动作值。

应该指出的是，与电力系统不同，智能建筑供配电系统的一次回路简单，所涉及的保护功能也较少，线路保护和电器设备保护只有几种（往往不多于 4 种），因此，体积小、价格低、操作简单的微机保护装置更受用户的欢迎。

2.6.1 供配电系统的综合自动化控制

供配电系统作为智能建筑 BAS 系统的一个子系统，其综合自动化控制有其自身的特点，在智能建筑 BAS 系统总体管理下，完成自身的综合自动化控制功能。

智能建筑变电所综合自动化系统组成如图 2-9 所示，这是一种分层分布式的配置，主要由管理层和现场两大部分组成。管理层是变电所综合自动化的核心，由监控主机及其人机联系设备、通信控制机和工程师机组成，安装在变电所控制室。现场部分完成变电所综合自动化的控制功能，由数据采集控制机和保护管理机及其所属各功能单元组成，按变电所中的操作间隔设置，安装在开关屏上或高压开关附近。

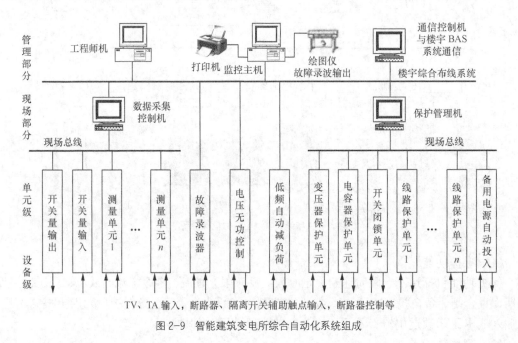

图 2-9　智能建筑变电所综合自动化系统组成

2.6.2 智能楼宇的供配电系统的组成

建筑供配电系统由高压供电系统、低压配电系统、变配电所和用电设备组成。通常对大型建筑或建筑小区，电源进线电压多采用 10kV，电能先经过高压配电所，再由高压配电所将电能分送给各终端变电所。经配电变压器将 10kV 高压降为一般用电设备所需的电压（220/380V），然后由低压配电线路将电能分送给各用电设备使用。

2.6.3 智能楼宇的负荷等级划分

负荷等级划分的原则，主要是根据中断供电后在政治、经济上造成影响的程度而定。按照《民用建筑电气设计规范》（JGJ / T16—1992）对负荷等级的划分为一级、二级、三级负荷。

在智能楼宇用电设备中，属于一级负荷的设备有消防控制室、消防水泵、消防电梯、防排烟设施、火灾自动报警、自动灭火装置、火灾事故照明、疏散指示标志和电动的防火门窗、卷帘、阀门等消防用电设备；保安设备；主要业务用的计算机及外设、管理用的计算机及外设；通信设备；重要场所的应急照明。属于二级负荷的设备有客梯、生活供水泵房等。空调、照明等属于三级负荷。

2.6.4　常用供电系统图简要说明

①　当外部 10kV 两路电源并不完全来自城市区域变电站，而至少有一路是来自区域变电站馈电的 10kV 公用开关站，如图 2-10 所示。

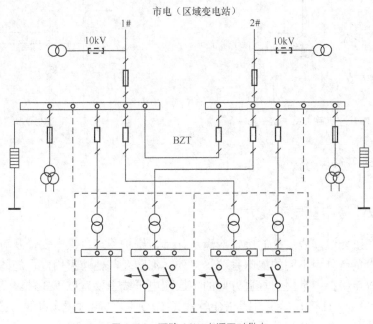

图 2-10　两路 10kV 电源同时供电

图 2-10 显示了两路 10kV 进线，单母线分段，平时两路同时供电，互为备用，装有分段开关自投装置（BZT），高压母线经开关以放射式向各配电变压器供电。这种接线，供电可靠性最高，但设备用得多，多用于等级高的大型旅游宾馆楼或综合楼中。

②　当外部电源多数取自区域变电站馈电的 10kV 公用开关站或 10kV 环网室，而环网开关可能设在用户大楼内与高压配电室毗连，如图 2-6 所示。

图 2-11 显示了两路 10kV 进线，单母线不分段，一用一备，当工作电源失电时，备用电源自动投入，两路都能保证 100% 的负荷用电。此种接线高压设备用得少，投资省，但清扫母线或母线故障时造成全部停电。此种接线常用在负荷不大的住宅楼或商住大厦中。

③　当外部只有一个高压供电时，也可采用邻近的低电压供电或采用柴油发电机供电，如图 2-12 所示。

图 2-12 显示了由一路 10kV 专用线路供电，另一路是由地区公用变压器或相邻大厦变电所引来 380/220V 备用电源，若低压备用电源无法获得或送电距离遥远，也可考虑自备柴油发电机作备用电源保证一类负荷用电。这种接线用于二类、三类建筑物，可靠性较前两种稍差。

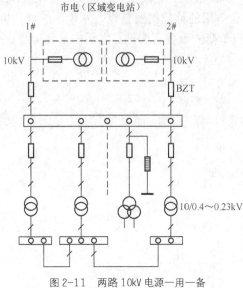

图 2-11　两路 10kV 电源一用一备　　　　图 2-12　高供低备主接线系统

2.7　低压配电干线系统

2.7.1　智能楼宇配电干线方式

智能楼宇低压配电干线系统的确定应满足计量、维护管理、供电安全及可靠性的要求；应将照明与电力负荷分为不同的配电系统；另外，消防及其他防灾用电设施的配电亦宜自成体系。目前，智能楼宇中常用的垂直方向的多层配电干线主要有以下 3 种。

① 插接式母线。插接式母线封闭在金属外壳中，所以又叫封闭式母线。它垂直敷设在电气竖井中，每层有一个或两个分接箱，分接箱为插接式，内带断路器。当进行停电检修时，不影响其他层用电。插接式母线的输送容量大、电压降低、安全可靠、灵活方便，在智能建筑中使用最广。

② 预制式分支电缆。它把主电缆及到各层的分支电缆预先整体加工好，其优点是可靠性高，不用各层设分接箱，可明显降低配电成本，对安装环境要求低，施工方便。其最大缺点是缺乏灵活性，当所供负荷的大小、位置和数量发生变化时，预制式分支电缆不能作相应改变。

③ 采用穿刺式线夹分支的电缆。这是一种很灵活的电缆分支方式，这种穿刺式线夹的外部是绝缘的，中间有两个带金属穿刺的孔，一大一小。将大孔夹在干线电缆上，小孔夹在分支线电缆上，上紧线夹螺栓，孔内的金属刺穿透电缆的绝缘层紧压线芯，分支电缆就连接到干线电缆上了。

以上 3 种配电方式，通常用于垂直方向的多层分支。至于专用配线，以及水平部分的电气干线，一般多采用电缆，用电缆桥架敷设。

2.7.2　自备应急电源

多数智能楼宇装有柴油发电机组作应急电源，以进一步提高一级负荷供电的可靠性及大楼的声誉。当市电中断后机组能快速自启动，可在 15s 内恢复供电。发电机功率按一级负荷确定并保证其中 1 台最大容量的电机能顺利起动。据调查，柴油发电机功率约占整个建筑物总计算功率的 15%左右。此外，消防控制、电话站、电子计算控制中心等还备用蓄电池静止型不间断供电装置（UPS），如图 2-13 所示。

图 2-13　备用蓄电池静止型不间断供电装置

2.7.3　低压配电线路的安全防火

智能建筑内部的电气线路多而且分布广。智能建筑的火灾多数与电气故障有关，因此配电线路的防火问题是电气安全的一个重要方面。

智能建筑内的一般线路均采用难燃或阻燃材料导线。在火源作用下，这种线路可以燃烧，但当火源移开后会自动熄灭，从而避免了火灾沿线路蔓延扩大的危险。绝缘导线穿钢管敷设时也属于阻燃线路。对于大量人员集中的场所，最好进一步选用低烟无卤电缆，有利于发生火灾时人员安全疏散。

耐火线路用于配电给在火灾时要继续工作的设备，如消防电梯、消防水泵、排烟风机、消防控制中心应急照明等。这种线路在火源直接作用下仍可维持一定时间的正常通电状态，可满足一般智能建筑的消防要求。

智能建筑内不准使用不防火的线路，因为火灾时隐患严重。

2.7.4　有特殊要求的设备配电

消防设备的配电，智能建筑的消防用电应按一级负荷要求供电，对于消防控制、消防水泵、消防电梯、防排烟风机等的供电，还应在最末一级配电箱处设置自动转换装置。电梯配电必须专用线路供电，不可与照明或其他负荷合用干线，以免影响其他设备正常工作。

对计算机中心的配电，除了保证其负荷等级外，还应注意必须专用线供电，即 PE 线与 N 线要分开；计算机房应按要求作局部等电位联结；计算机房的配电箱处应加装 SPD，以防雷击电磁脉冲沿线路入侵计算机等信息设备。

2.7.5 低压配电系统的综合自动化

低压配电系统的综合自动化可以有两种方式实现：一种方式是采用智能型断路器；另一种方式是采用智能型控制单元。而智能型控制单元又分为两种，一种为电动机控制器，另一种为馈电控制器。从技术经济角度综合考虑目前多数工程对大容量断路器的框架式断路器采用智能型断路器，而对其他回路采用智能型控制单元。低压配电系统如图 2-14 所示。

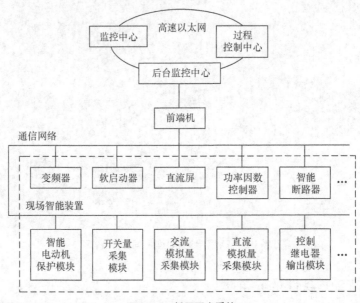

图 2-14　低压配电系统

（1）智能型断路器

智能低压断路器带有微处理器的控制器，它的保护作用具有长延时、短延时、瞬时过电流保护、接地、欠电压保护等。此外，还可以对负荷监测和控制、远方显示，测量电压、电流、有功功率、无功功率、功率因数、谐波和电能等，测定故障电流、故障显示、接地故障时选择性闭锁、数据远传、自检。通过网络通信接口 RS232、RS485、RS422 可以接入 BAS 系统。它可与上位进行数据交换，可接受上位机的指令，可与上位机进行数据交换，可由上位机对断路器进行遥控操作，对断路器的整定值进行修改。它具有内置的电流互感器。

（2）智能电动机控制器

智能电动机控制器可以提供对电动机的保护和监控功能。智能电动机控制器可以提供的保护功能有过载、缺相、欠载、空载、堵转、漏电、相电流不平衡、转速、温升等。智能电动机控制器可以应用于电机直接启动、正反转、直接启动附加控制单元、星/三角启动、自耦变压器启动、软启动等运行方式。它的显示功能、通信功能与智能型断路器一样。此外，还具有存储功能，能存储近期的运行状态、故障报警信息及各种参数值，它还有通信功能。

（3）智能型馈电控制器

智能型馈电控制器基本和智能电动机控制器一样，它的保护功能较简单，如设置了接地、过电流等保护功能。

　　智能型电动机控制器、智能型馈电控制器可以装在低压配电屏的抽屉上，对那些仅需由控制室监视其位置的断路器，可以装置多回路监控单元，对多台断路器进行监视。电子继电器、智能断路器及智能电动机控制器相当于控制分站和传感器，变电所管理分站是一台微机。

　　（4）配电系统控制软件功能

　　软件一般和设备配套，采用专用软件，如配电系统监控和能量管理软件，也可以采用通用监控软件，又称监控和数据采集软件（SCADA）。对软件的要求是：具有良好的人机界面，能够满足用户多种要求。它提供的基本功能有：

　　① 实时数据采集，形成实时数据库；

　　② 遥信遥控，对电量越限，事故报警；

　　③ 诊断功能，在线帮助；

　　④ 各种电量的遥测和图表显示，如系统能量分配图、系统单线图；

　　⑤ 报表生成功能，如日报表、24h 电压、电流报表，开关动作报表、电量平衡报表；

　　⑥ 与 BA 系统交换信息。

　　系统所配软件除了一般的数据处理功能外，应有下列功能（装设有备用电源的场合）。

　　① 停电处理。市电断电时，自动按照发电机容量将负荷投入/切断，此时只有火灾意外程序及手动操作可以执行输出操作。

　　② 电力需求监视/控制。自动调峰控制，进行电力需求控制，在用电量超过合同供电量时，将负荷切除。

　　③ 事件程序。监视点的状态变化、报警、指定恢复条件、设定状态动作，可以进行与/或等逻辑条件设定动作。

　　④ 恢复供电程序。

　　恢复供电后，在将自备发电切换为商业用电时，可按照自动或手动的恢复供电指令操作，并依照自备发电时的强制驱动控制让运转机器停止运作，然后一边参照时间表一边让停电瞬间正在运转中的机器自动启动（投入）。在部分停电的场合，可以手动恢复该点供电。

2.8　智能楼宇供配电的控制

　　建筑物自动化是对整个系统来进行综合控制管理的统一体。这种系统以计算机局域网络为通信基础，以计算机技术为核心，具有分散监控和集中管理的功能。它是与数据通信、图形显示、人机接口、输入/输出接口技术相结合的，用于设备运行管理、数据采集和过程控制的自动化系统。

2.8.1　电气系统主要监测控制内容

　　① 电源监测。对高低压电源进出线的电压、电流、功率、功率因数、频率的状态监测及供电量积算。

　　② 变压器监测。变压器温度监测、风冷变压器通风机运行情况、油冷变压器油温和油位监测。

　　③ 负荷监测。各级负荷的电压、电流、功率的监测，当超负荷时系统停止低优先级的负荷。

　　④ 线路状态监测。高压进线、出线、二路进线的连络线的断路器状态监测、故障报警。

　　⑤ 用电源控制。在主要电源供电中断时自动启动柴油发电机或燃气轮机发电机组，在

恢复供电时停止备用电源，并进行倒闸操作。通过对高低压控制柜自动的切换，对系统进行节能控制；通过对交连开关的切换，实现动力设备联动控制；对租户的用电量进行自动统计计量。

⑥ 供电恢复控制。当供电恢复时，按照设定的优先程序，启动各个设备电机，迅速恢复运行，避免同时启动各个设备，而使供电系统跳闸。

2.8.2 电气系统的监测控制

智能建筑监测控制点划分为以下几种。

① 显示型。包括运行状态、报警状态及其他。显示主接线图、交直流系统和 UPS 系统运行图及运行参数，对系统各开关变位和故障变位进行正确区分，对参数超限报警。

② 控制型。包括设备节能运行控制、顺序控制（按时间顺序控制或工艺要求的控制）。

③ 记录型。包括状态检测与汇总表输出、积算记录及报表生成、对事故、故障进行顺序记录，可以查询事故原因并且显示、制表和打印，可绘制负荷曲线并且显示、打印运行报表。

④ 复合型。指同时有两种以上监控需要。

2.8.3 变配电设备控制

① 高压进线、出线、连络线的断路器遥控。

② 低压进线、出线、连络线的断路器遥控。

③ 主要线路断路器的遥控，如配电干线、消防干线的断路器遥控，对水泵房、制冷机房、供热站供电的断路器，以及上述站房的进线断路器遥控。

④ 电动机智能控制。

⑤ 电源馈线，设过电流及接地故障保护，三相不平衡监测，重合闸功能，备用电源自动投入。

⑥ 变压器，设计有内部故障和过载保护、热过载保护。

⑦ 分段断路器，设置电流速断保护、过电流保护。

2.8.4 备用发电机监测控制

测量和控制内容如下。

① 发电机线路的电气参数的测量，如电压、电流、频率、有功功率、无功功率等。

② 发电机状况监测，如转速、油温、油压；油量、进出水温、水压、排气温度、油箱油位等。

③ 发电机和线路状况的测量。

④ 发电机和有关线路的开关的控制。

⑤ 有直流电源时，对它的供电质量（电压、电流）监测报警。

2.8.5 变电所的保护功能

一般 10kV 变电所需要的保护功能如下。

① 引入线。电网电压和频率监测，相间和相对地故障、三相不平衡、自动重合闸。

② 变压器。内部过载和故障、热过载。

③ 电动机。内部过载和故障、电网和负载故障、电动机启动工况监测。

2.9　智能建筑供配电设备监控系统

2.9.1　供配电监控管理系统的作用

智能配电监控系统可以帮助电能用户解决以下供电系统问题。

① 电费支出是否合理？

② 关键环节和辅助环节的电费支出情况如何？

③ 如何节约电费支出？

④ 供电系统是否在使用者掌控之中？

⑤ 可否实现可视化集中管理？

⑥ 可否实现网络化管理？

⑦ 供电系统安全吗？

⑧ 可否及早发现故障隐患？

⑨ 发生故障后，能否迅速确定故障点？

⑩ 供电系统传输的是质量合格的电能吗？

⑪ 供电局端的电能质量是否合格？

⑫ 用户端是否有谐波源影响供电系统电能质量？

⑬ 供电系统运营管理费用支出合理吗？

⑭ 可否实现配电站集中值班？

⑮ 可否变定期修为状态修？

电能用户应在基建项目、大修改造项目和日常运营改造项目中根据自身行业特点和本单位运营情况，提出对配电系统进行监控管理的要求，列为其中不可缺少的子项目。应用高科技监控管理手段，使过去不易掌控的电能，为高度自动化的生产和高质量的生活服务。

2.9.2　配电监控管理系统的功能

配电系统自动化为用户端电力自动化，有其独特的一些特点。除了实现传统的四遥功能外，还加强了故障预警、事故记录、电能质量监测等电能用户关心并对其安全用电有严重影响的功能，以及电能消耗的分配和统计、电能需量统计等与用户经济利益相关的功能，具体如下：

① 传统的四遥功能（遥测电量参数、遥信开关状态、遥控开关、遥调装置设置参数）；

② 故障预警（事故发生前及时消除事故隐患）和事故记录功能（分析事故原因）；

③ 电能消耗的分配和统计（电费分解到各个部门，利于内部核算）；

④ 电能需量统计（制定电能使用计划，节约电费支出）；

⑤ 电能质量的监测（避免设备非预期损坏）；

⑥ 详尽的数据记录和方便快捷的报表生成（便于统计分析）；

⑦ 对无人值守的配电站增加遥视功能（防火、防盗，保证设备安全）；

⑧ 信息网上发布，便于授权用户查阅（使监控不受时间和地域的约束）。

2.9.3 配电监控管理系统组成

应用计算机网络测控技术，对所有变配电设备的运行状态和参数集中进行监控，达到对变配电系统的遥测、遥调、遥控和遥信，实现变配电所无人值守。同时，还具有故障的自动应急处理能力，能更加可靠地保障供电。

变配电设备监控系统和其他建筑物自动化系统一样由控制分站和中央站组成，如图 2-15所示。它的输入信号由传感器提供，输出信号使各种开关动作或报警，在监控中心可以安装动态模拟显示器和操作台。它的功能有显示和控制主开关或断路器的状态，对应急或备用电源的控制等，可以取代普通的控制和信号屏。变配电所一般不需要重复设置信号控制屏。普通的监测系统是在变配电设备上增加一些传感器。如果是智能化断路器或继电器，它有内置传感器，可以从通信接口取得信号。

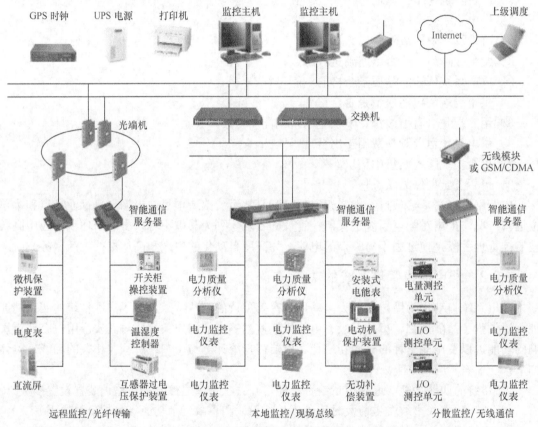

图 2-15 变配电设备监控系统

变配电设备监控系统分以下几个方面。

（1）系统运行监视和控制

在监控的主界面中，显示整个电力监控系统的网络图，动态刷新显示各主接线图上的实时运行参数和设备运行状态，并支持远程控制功能，系统画面可以根据实际需要进行组态。

（2）电能质量监视和分析

可以对整个系统范围内的电能质量和电能可靠性状况进行持续的监测。实时监视系统谐波含量，电压闪变、扰动，频率偏差，不平衡度，功率因数等电能质量问题。通过手动或自动触发波形捕捉，记录扰动时的波形，进行电能质量分析和故障分析。

（3）高精度电能计量

使用高精度、双向计量的多功能仪表，精确测量用户负荷和系统负荷，优化系统容量设计。变压器损耗分析和线损耗补偿，有利于合理分摊生产成本。

（4）电能消耗统计和分析

系统为用户提供了综合的电能和需求量统计报表功能，包括不同馈线的不同费率时段的用电量，可以进行日、月、季、年的统计与记录，能匹配电力公司账单结构进行峰谷平均统计与记录，并可以进行显示、打印和查询。

（5）报警和事件管理

系统可以设置在电能质量事件发生时，测量值越限时，设备状态变化时触发报警。系统报警时能够进行信息语音提示，自动弹出报警画面或触发必要的操作，同时可以将报警信息通过 E-mail、手机短信等方式通知相关人员。

总之，智能楼宇供配电设备的监控包括以下几方面：

① 供配电系统的中压开关与主要低压开关的状态监视及故障报警；

② 中压与低压主母排的电压监测；

③ 电流及功率因数测量；

④ 电能计量；

⑤ 变压器温度监测及超温报警；

⑥ 备用及应急电源的手动/自动状态、电压、电流及频率监测；

⑦ 主回路及重要回路的谐波监测与记录；

⑧ 电力系统计算机辅助监控系统应留有通信接口。

2.9.4　传感器和执行器

传感器（Sensor）或执行器（Actuator）是将电量或非电量转化为控制设备可以处理的电量的装置。电量传感器是一种将各种电量如电压、电流、频率及功率因素转换为数字量或计算机能接受的标准输出信号（电流 0～5A，4～20mA 或电压 0～10V），用于建筑物管理系统对于建筑物内变配电系统各种电量的监测记录。它有电流互感器、电压互感器及多参数电力监测仪。多参数电力监测仪可以监测单相或三相电力参数，如电压、电流、频率、功率因素、谐波和电能，可提供测量计量参数监视能量管理等功能。它还提供通信接口，如 RS485、4～20mA 输出或脉冲输出。

2.9.5　控制分站\电子继电器及智能断路器

控制分站按照是否实现闭环控制功能区分为分散控制型（Distributed Control Panel，DCP）和数据采集型（Data GatheringPanel，DGP）。控制分站主要完成实时性强的控制和调节功能。目前，一般系统采用智能型控制器，这种智能型控制器的控制分站可以采用下列设备：

① 采用单片机或单板机的智能控制器；

② 采用可编程控制器（PLC）；

③ 采用微机（PC），如工业控制机。

建议采用微机配置适当的输入/输出卡，它可以处理模拟量或开关量，具有多个通信口，具体可以进行技术经济比较来确定。

2.9.6 供配电设备监控系统的构成

供配电设备监控系统一般采用集散系统结构，可分为 3 层：现场 I/O、控制层和管理层，如图 2-16 所示。

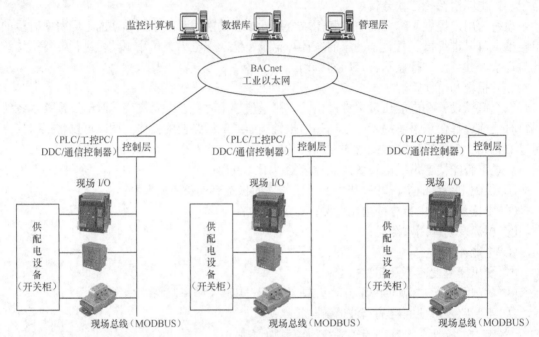

图 2-16　供配电设备监控系统结构图

2.9.7 照明系统

（1）智能化照明控制方向发展

照明的节能：目前我国照明用电量约占全社会总用电量的 12%，照明的节能对实现我国节能减排的目标具有重要意义。

智能照明技术：除了大力推广使用新型节能光源及高性能照明灯具措施之外，应用信息化技术改造传统照明系统的粗放式能源使用方式，精细利用能源，是另一照明的节能技术，即所谓的智能照明技术。

（2）常用的光度量

① 光通量。光源在单位时间内向周围空间辐射出去的并能使人眼产生光感的能量，称为光通量，用符号 Φ 表示，单位为流明（lm）。

② 发光强度（光强）。光源在空间某一方向上单位立方体角内发射的光通量称为光源在这一方向上的发光强度，简称为光强，以符号 I 表示，单位为坎德拉（cd）。

③ 照度。照度用来表示被照面上被光源照射的强弱程度，以被照面上单位面积所接收的光通量来表示。照度以 E 表示，单位是勒克斯（lx）。

④ 发光效率。发光效率是描述光源的质量和经济效益的光学量，它反映了光源在消耗单位能量的同时辐射出光通量的多少，单位是流明每瓦（lm/W）。

⑤ 光源色温。某一种光源的色度与某一温度下的绝对黑体的色度相同时绝对黑体的温度。

⑥ 光源的显色指数。将人工待测光源下的颜色同在日光下的颜色相比较，其显示同色能力的强弱定义为该人工光源的显色性。

（3）照明智能控制方式

智能控制方式是将计算机网络控制技术应用到照明工程的控制方式，能实现场景预设、亮度调节，软启动软关断等复杂的照明控制功能。智能控制方式不仅能营造室内舒适的视觉环境，更能节约大量能源。

复习与思考题

1. 试述智能楼宇供配电系统范围和组成。
2. 智能楼宇的电源质量标准有哪些？
3. 智能楼宇的常用供配电方式有哪些？
4. 对智能楼宇供配电系统的基本要求有哪些？
5. 智能楼宇配电系统控制软件的功能有哪些？
6. 电气系统主要监测控制内容有哪些？
7. 配电管理系统的功能有哪些？
8. 变配电设备监控系统分为哪几个方面？
9. 照明监控系统有哪些监控内容？

第**3**章 智能楼宇的空调系统

空调系统是现代建筑的重要组成部分，是楼宇自动化系统的主要监控对象，也是建筑智能化系统主要的管理内容之一。现代建筑中的空调及其自动控制系统的重要性体现在以下几个方面：首先，智能建筑的主要功能之一就是为人们提供一个舒适的生活和工作环境，而这一功能主要是通过空调及其控制系统来实现的；其次，空调系统又是整个建筑最主要的耗能系统之一，有资料表明，空调系统的耗能已占到建筑总能耗的50%左右；另外，由于空调控制系统必须进行实时调节控制，所以它的配置与功能相对而言是整个楼宇自动化系统要求比较高的一部分。因此，开展智能楼宇自动控制系统的节能，首先要从空调系统开始。

智能楼宇中央空调系统框图如图3-1所示。

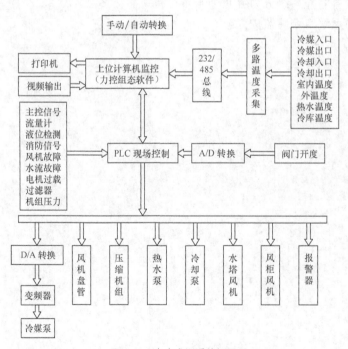

图 3-1　中央空调系统框图

集中空调控制系统是建筑物自动化（BA）系统最重要的组成部分之一，它管理的机电设备所耗能源几乎占楼宇能量消耗的50%。空调系统的能量主要用在热源及输送系统上，据智能楼宇能量使用分析，空调部分占整个楼宇能量消耗的50%，其中冷热源使用能量占40%，输送系统占 60%。为了使空调系统在最佳工况下运行，在近十年内，空调控制系统得到了突飞猛进的发展，最明显的例证就是微机控制用于空调系统。在智能楼宇中采用微机控制可以实现对空调系统设备进行监督、控制和调节，如图 3-2 所示。

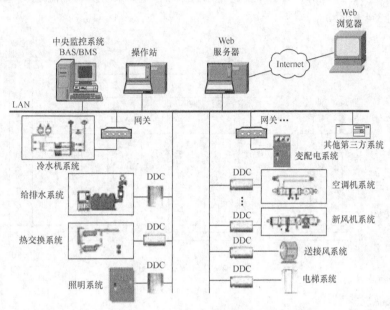

图 3-2 采用微机控制空调系统

3.1 空调系统组成

空气调节简称空调，其系统组成如图 3-3 所示。它的目的是创建一个合适的（室内）大气环境，使人在该环境中感到舒适；或者是保证（室内）大气环境满足生产工艺过程或科学研究、实验过程的需要。

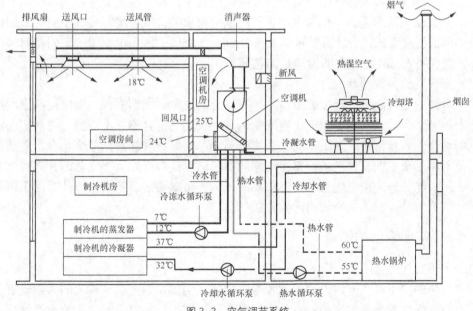

图 3-3 空气调节系统

　　为了实现这一目的，空气调节所依靠的技术手段主要是通风换气，具体地说，就是加工和处理一定质量的空气送入室内，使室内大气环境满足要求。对空气的处理过程包括加温（降温）、加湿（除湿）、净化等，即常说的热湿处理。空气调节主要包括温度调节和湿度调节，其原理图如图3-4所示。

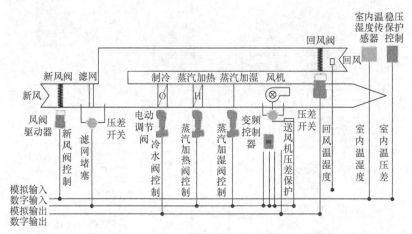

图3-4　空气调节原理图

（1）空气温度调节

　　按照人类的生理特征和生活习惯，通过空调设施，夏季可将室温保持在25℃～27℃，冬季保持在16℃～20℃，为人们提供一个比较适宜的温度环境。温度调节应注意室温与外界的温差不宜过大。作为工艺性空调则根据生产工艺或科学研究、试验的需要，把环境温度调整到所要求的范围内。

（2）空气湿度调节

　　空气过于潮湿或过于干燥都将使人感到不舒适。一般来说，相对湿度冬季为40%～50%，夏季为50%～60%，人的感觉比较良好。如果温度适宜，相对湿度即便在40%～70%的范围内变化，人们也能基本适应。作为生产、科研试验要求的大气环境则各有不同。不同的生产工艺有不同的湿度要求，如纺织车间要求相对湿度为85%±1%，电子生产车间相对湿度的要求较小，能保持在50%±10%即能满足工艺要求。

（3）空气其他参数调节

　　除了常规的空气温度、湿度调节以外，在特殊的场合，空调系统还实现控制空气质量、空气压力等调节。舒适空调要保证一定的新风量，否则人们会感到不舒服；在对空间洁净度有要求的场合，如精密生产加工车间、生物医药制品间等特殊的高洁净度场合，需要正压调节，以免不满足要求的空气进入而损害洁净间的清洁度；对产生有害气体的有害有毒物品生产车间、污染物处理间或是病毒经空气传染的严重传染隔离病房等场合，须采用负调节，以免有毒、有害气体泄漏造成空调的污染和破坏。

3.1.1　空调系统的特点

（1）多干扰性

空调系统的多干扰性分为温度干扰和湿度干扰。例如，通过窗户进入的太阳辐射热是时间的函数，也受气象条件的影响；室外空气温度通过维护结构室温产生影响；通过门、窗、建筑缝隙侵入的室外空气对室温产生影响：为了换气（或保持室内一定的正压）所采用的新风，其温度的变化对室温有着直接的影响。由于室内人员的变动，照明、机电设备的启停所产生的余热变化，也直接影响室温的变化。此外，点加热器（空气加热器）电源电压的波动以及水加热器的热水压力、温度的波动，蒸汽压力的波动等，都将影响室温。至于湿干扰，在露点温控制系统中，露点温度的波动，室内散湿量的波动以及新风含湿量的变化等都将影响室内湿度的变化。

（2）调节对象的特性

空调自动控制系统的主要任务是维持空调房间一定的温湿度。对恒温控制的效果如何，在很大程度上往往取决于空调系统，而不是自控部分。所以，在空调自控设计时，首先要了解空调对象的特性，以便选择最佳控制方案。

（3）温度和湿度相关性

描述空气状态的温度和湿度，并不是完全独立的两个变量。当相对湿度发生变化时引起加湿（或减湿）动作，其结果将引起室温波动；而当室温变化时，使室内空气中水蒸气的饱和压力变化，在绝对含湿度不变的情况下，就直接改变了相对湿度（温度增高相对湿度减小，湿度降低相对湿度增加）。

（4）分多工况性

有的空调是按工况运行的，所以空调自动控制设计中包括工况自动转换部分。例如，夏季工况在制冷气工作时（若仅调节温度），通过工况转换，控制冷水量调节温度。而在冬季需转换到加热器工作，控制热媒调节温度。此外，从节能出发进行工况转换控制。全年运行的空调系统，由于室外空气参数及室内热湿负荷变化，采用多工况的处理方式能达到节能的目的。为了尽量避免空气处理过程的冷热抵消，充分利用新风、回风和发挥空气处理设备的潜力，对于空调自控设计师而言，除了考虑湿度为主的自动调节外，还必须考虑与其配合的工况自动转换的控制。

（5）整体控制性

空调自控系统是以空调室的温度控制为中心，通过工况转化与空气处理过程每个环节紧密联系在一起的整体控制系统。空气处理设备的启停要严格根据系统的工作程序进行，处理过程的各个参数调节与联锁控制都不是孤立进行的，而是与湿度控制密切相关。但是，在一般的热工过程控制中，如一台设备的液位控制与温度控制并不相关，温度控制系统故障并不会危及液位控制。而空调系统则不然，空调系统中任一环节有问题，都将影响空调室的温湿调节，甚至使调节系统无法工作，所以在自控设计时要全面考虑整体设计方案。

3.1.2　中央空调系统的基本构成

楼宇自动化系统对空调系统的监控主要是针对集中式中央空调系统。一般的局部空调如窗式空调机、柜式空调机、专用恒温湿机等都自带冷、热源和控制系统，不是楼宇自动化系统的主要监控内容。当然，有时候也需要将建筑中的局部空调机纳入楼宇自动化系统，这时只是对它们的启/停状态进行监视或控制，这些空调机本身的运行控制由其自身配备的控制系统完成，一般不纳入楼宇自动化系统。因此，楼宇自动化系统涉及的空调系统专指中央空调系统。中央空调系统可简单分为冷源/热源和前段设备两个主要组成部分。中央空调的冷源系统包括冷水机组、冷冻水循环系统和冷却水系统。中央空调的热源系统包括锅炉机组、热交换器等。

3.1.3　中央空调的工作原理

（1）冷（热）水机组的基本工作过程

室外的制冷机组对冷（热）媒水进行制冷降温（或加热升温），然后由水泵将降温后的冷媒（热）水输送到安装在室内的风机盘管机组中，由风机盘管机组采取就地回风的方式与室内空气进行热交换，实现对室内空气处理的目的。

（2）风管（道）式机组的基本工作过程

供冷时，室外的制冷机组吸收来自室内机组的制冷剂蒸气，经压缩、冷凝后向各室内机组输送液体制冷剂。供热时，室外的制冷机组吸收来自冷凝器的制冷剂蒸气，经压缩后向各室内机组输送汽体制冷剂，室内机组通过布置在天花板上的回风口将空气吸入，进行热交换后送入安装在室内各房间天花板中的风管（道）内，并通过出风口上的散流器向室内各房间输送空气。在风管（道）上设计有新风门和排风门，可以按一定比例置换空气，以保证室内空气的质量。

（3）变频一拖多机组的基本工作过程

供冷时，室外的制冷机组吸收来自室内机组的制冷剂蒸气，经压缩、冷凝后向各室内机组输送液体制冷剂。供热时，室外的制冷机组吸收来自冷凝器的制冷剂蒸气，经压缩后向各室内机组输送汽体制冷剂。各室内机组通过暗装的方式布置在天花板上。通过其回风口将空气吸入，进行热交换后送入，再从送风口将处理后的空气采取就地回风的方式送回室内。

机组在能量调节方式上由微电脑控制，室外机组的变频式压缩机根据室内冷热负荷的变化，自动调节压缩机的工作状态，以满足室内冷热负荷的要求。

3.1.4　控制对象的特点

空调的耗电量 W 可简化认为与室内外的温度差 Δ_θ 成正比，即

$$W = k\Delta_\theta = k\left[\theta_0(t) - \theta(t)\right]$$

式中，$\theta_0(t)$ 为室外温度；$\theta(t)$ 为室内温度。在夏季，假设室外平均气温为 30℃，将室内平均温度维持在 20℃ 和 25℃ 相比，耗电量相差可达 50% 左右。因此，应通过对空调系统的控制，将夏季室温保持在舒适温度的上限附近，而冬季则应将室温保持在舒适温度的下限附近，从而达到良好控制效果和节能效果。

3.2　新风送风系统

新风机组是一种没有回风装置的空调机组，其监测与控制与空调机组相同。

3.2.1　新风的采集和送风控制

（1）新风机组的节能控制

新风机组的节能控制通常以出风口温度或房间温度为调节参数，全年使用新风机组常以出风口温度和房间温度同为调节参数的控制系统，把出风口温度或房间温度传感器测量的温度送入 DDC 控制器与设定值进行比较，产生偏差，由 DDC 按 PID 控制规律调节表冷器回水调节阀开度以达到控制冷冻（加热）水量，使夏天房间温度保持在低于 28℃，冬季则高于 16℃。

同样，室外温度在这里也是一个变量，这个变量对上述调节系统也是一个扰动量。为了

提高系统的控制性能，把新风温度作为被调信号加入调节系统中。例如，室外新风温度增高，新风温度测量值增大，这个温度增量经 DDC 运算后输出一个相应的控制电信号，使回水阀开度增大，补偿了新风温度增高对室温的影响。又如，室外新风温度降低，新风温度测量值减小，这个温度负增量经 DDC 运算后输出一个相应的电信号，使回水阀开度减小即冷量减小。空调机的回水阀始终保持在最佳开度，最好地满足了冷负荷的需求，达到了系统节能的目的。

（2）湿度调节

新风机组湿度调节与空调系统的湿度调节基本相同，把出风口（房间）湿度传感器测量的湿度信号送入 DDC 控制器与给定值比较，产生偏差，由 DDC 按 PI 规律调节加湿电动阀开度，以保持空调房间的相对湿度的要求。

（3）新风阀的调节

根据新风的温湿度、房间的温湿度及焓值计算，以及空气质量的要求，控制新风阀的开度，使系统在最佳的新风风量的状态下运行，以便达到节能的目的。

（4）过滤器堵塞、防冻保护

采用差压开关测量过滤器两端差压，当差压超限时，压差开关闭合报警；采用防霜冻开关监测表冷器前的温度，当温度低于 5℃时报警。

3.2.2　空气质量保证

为保证空调房间的空气质量，选用空气质量传感器，当房间中二氧化碳、一氧化碳的浓度升高时，传感器输出信号到 DDC，经计算，输出控制信号，控制新风风门开度以增加新风量。

3.2.3　设备的开/关控制

系统应有对设备远程开/关控制。也就是说，在控制中心能实现对现场设备的控制，实现对新风机组的开/关控制。新风机组的监控原理图如图 3-5 所示。

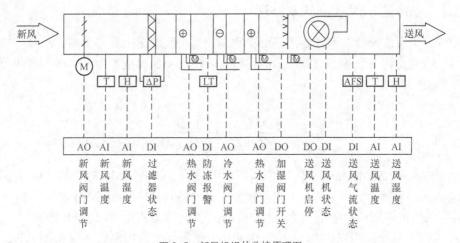

图 3-5　新风机组的监控原理图

3.3 变风量空调系统

变风量（Variable Air Volume，VAV）空调系统在智能楼宇等方面的应用日益广泛。在低负荷下，其节能效果大大优于定风量（CAV）系统。与定风量系统（固定送风量而改变送风温度的空调系统）相比，变风量系统增加了系统总送风量控制，并在室内不同的空调区域设置了变风量的末端设备。在常规控制下，系统通常控制其送风静压不变，VAV末端装置通过增加气流阻力而达到降低送风量的效果。变风量空调起源于高速送风空调系统。近几年来，变风量空调方式在低速送风空调系统中的应用越来越普遍，其主要原因在于变风量空调方式具有良好的可控性。VAV空调系统的成功与否在很大程度上取决于是否采用最佳的系统控制方法，以及有无良好的调试服务。

3.3.1 变风量空调系统的起源、背景和发展现状

变风量空调系统于20世纪60年代起源于美国，原本是为了改进高速送风空调系统的，因为减少送风量对于高速送风空调系统有明显的节能效益。变风量空调系统出现以后并没有立刻得到推广，在很长一段时间内，美国占主导地位的空调方式仍是定风量空调系统加末端再热和双风道系统，直到1973年西方石油危机之后，能源危机推动了变风量空调系统的研究和应用，此后20年中不断发展，并已经成为美国空调系统的主流。由于高速送风空调系统既便采用了变风量控制仍然相当耗能，因此在日本几乎看不到高速送风空调系统。但近年来定风量空调系统的单一温度控制方式越来越不能满足要求，而变风量系统的控制方式则有更大的灵活性，于是变风量空调方式在低速送风空调系统中的应用越来越普遍。进入20世纪90年代以后，大量70年代以前建造的空调系统在翻新过程中，越来越多的工程从定风量空调系统改造为变风量空调系统。

利用变风量空调系统，可以有效地减少建筑物电耗，如在我国南方地区，典型办公楼每平方米每年节电 $40\sim50\text{kWh/m}^2$（地板面积）。从风量角度来讲，因春、夏、秋、冬风量可分别减少34%、25%、42%和44%，而使整个VAN系统的能耗比定风量系统减少20%～30%。

3.3.2 变风量空调系统基本原理

全空气空调系统设计的基本要求是要决定向空调房间输送足够数量的、经过一定处理的空气，用以吸收室内的余热和余湿，从而维持室内所需要的温度和湿度。送入房间的风量按式（3.1）确定，即

$$L = \frac{3.6Q_{\text{q}}}{\rho(I_{\text{n}} - I_{\text{s}})} = \frac{3.6Q_{\text{x}}}{\rho c(t_{\text{n}} - t_{\text{s}})} \tag{3.1}$$

式中，L 为送风量（m^3/h；Q_{q}）、Q_{x} 为空调所要吸收的全热余热和显热余热（W）；ρ 为空气密度（kg/m^3），可取 $\rho=1.2$；c 为空气定压比热（kJ/(kg·K)），可取 $c=1.01\text{kJ/(kg·K)}$；I_{n}、I_{s} 为室内空气焓值和送风状态空气焓值（kJ/Kg）；t_{n}、t_{s} 为室内空气温度和送风温度（℃）。

从式（3.1）可知，当室内余 Q_{x} 值发生变化而又需要使室内温度 t_{n} 保持不变时，可将送风温度 t_{s} 固定，而改变送风量 L，这种空调系统称为变风量（VAV）空调系统。

　　VAV 空调系统是一种新型的空调方式，在智能楼宇的空调系统中被越来越多地采用。图3-6 所示为典型的 VAV 空调系统示意图，其主要特点就是在每个房间的新风入口处装一个 VAV 末端装置，该装置实际上是可以进行自动控制的风阀，以增大或减小送入室内的风量，从而实现对各个房间温度的单独控制的风阀，以增大或减小送入室内的风量，从而实现对各个房间温度的单独控制。当一套全空气空调系统所带各房间的负荷情况彼此不同或各房间温度设定值不同时，VAV 是一种解决问题的有效方式。

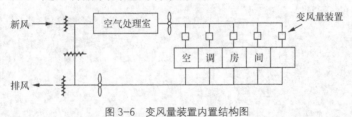

图 3-6　变风量装置内置结构图

3.3.3　变风量空调系统的特点

　　变风量空调系统的主要优点如下。

　　（1）节能效果明显

　　与定风量空调系统相比，它减少了再热量及其相应的冷量，这是变风量系统从运行机制上比定风量系统合理的地方。而且，随着各房间送风量的变化，系统总送风量也相应变化，这可以节省风机运行能耗。此外，根据变风量空调系统运行的特点，在计算空调系统总负荷时可以适当考虑各房间负荷发生的同时性，这可以适当减少风机装机容量。

　　（2）控制灵活

　　在定风量空调系统中，只有放温度传感器的一点是可控的，既使做多测点加权平均等处理，原则上一个空调系统也只受一个参数控制。而在变风量空调系统中，同一空调系统的各房间是通过各自的末端装置分别进行控制的，这就提供了相当的灵活性，可以把不同朝向、不同温度要求的房间放在一个空调系统，而且在改扩建或重新间隔时容易适应。

　　（3）减少了安装设备

　　与风机盘管相比，吊顶内没有大量冷冻水管和凝结水管，可以减少处理凝结水的困难，特别是避免了凝结水盘中细菌攀生而且参与室内风循环的弊病，这可以提高室内空气的卫生质量。此外，变风量空调系统作为一种风系统，可以设送回风双风机，以便在过渡季节大量地以至百分之百地使用新风，充分利用室外空气的自然冷源。

　　从以上 3 点看，变风量空调系统的优点突出，因此得到了越来越广泛的应用。但在选择变风量空调系统型式时，应该同时注意到：变风量空调系统一次投资有所增加，控制相对复杂，对管理水平要求较高。因此，建设者除对变风量空调系统的技术经济比较应该心中有数外，还需要对变风量空调系统精心设计、精心选择产品和精心管理，否则有可能产生新风不足、房间气流组织不好、房间正压或负压过大、室内噪声偏大、系统运行不稳定、节能效果不明显等一系列问题。这方面的问题也同样值得建设者重视。

3.3.4　变风量空调机组的监测与控制

　　由于建筑物内空调系统的耗能很大，因此节能在建筑物自动化系统中显得相当重要。采用变风量系统节点率可以达到 50%，因此，近几年国内外逐渐采用变风量空调系统。变风量空调系统属于全空气送风方式，系统的特点是送风温度不变，而改变送风量来满足房间对冷热负荷的要求，就是说表冷器回水调节阀开度恒定不变，用改变送风机的转速来改变送风量。通常采用变频调速来调节电机的转速。空调监控系统如图 3-7 所示。

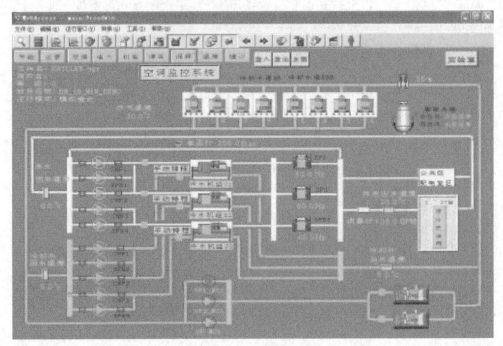

图 3-7　空调监控系统

（1）变风量机组的节能控制

变风量空调机组的节能控制是通过空调房末端的静压来实现的。在变风量空调房间的热负荷是通过风量来调节的，要稳定空调房间的末端温度，只要稳定空调房间的末端的风量就可以了。

（2）回风机的自动调节

在变风量系统中，系统的调节是靠风量完成的。为了保证系统的良好运行，除了对送风机进行变频控制以外，还必须对回风（回风机）进行相应的连锁控制，以保证送风、回风的平衡运行。在实际工程中回风量应小于送风量，根据不同系统的不同要求，确定送风、回风值，再跟据风管末端静压信号，来调节回风机的风量。

另外，也可以取送风机前后的风道的压差、回风机前后压差信号送到 DDC 中进行比较，产生偏差，偏差大于（小于）设定值时，控制回风机转速以维持给定的风量差。

（3）变风量末端的自动调节（多用户系统中辅助调节用）

末端装置是由一个空气阀和套装式送风口及 24V 电动执行器组成，通过测量被调房间温度（用房间温度探测器）送入 DDC 与设定值进行比较，差值经 PID 控制器处理后控制末端装置的空气阀开度，以满足房间的温度要求。

（4）相对湿度的自动控制

室内的相对湿度的调整是通过改变送风含湿量来实现的。测量送风管中的空气湿度与设定值比较，产生偏差，偏差值经 DDC 的 PI 处理后控制加湿阀的开度，以达到系统的相对湿度要求。

（5）新风电动阀、回风电动阀及排风电动阀的比例控制

根据新风温湿度、回风的温湿度在 DDC 进行回风及新风焓值计算，按回风和新风的焓值比例控制新风阀和回风阀的开度比例，使系统在最佳的新风/回风比状态下运行，以便达到节能的目的。

（6）表冷器回水阀门初始设定开度调节

测量回风管道的回风湿度，根据回风的湿度，调节表冷器回水电动阀的初始设定开度。

（7）过滤器堵塞、防冻保护

采用压差开关测量过滤器两端压差，当压差超限时，压差开关闭合报警；采用防霜冻保护开关监测表冷器前温度，当温度低于 5℃时报警。

（8）空气质量保证

为保证空调房间的空气质量，选用空气质量传感器，当房间中二氧化碳、一氧化碳浓度升高时，传感器输出信号 DDC，经计算，输出控制信号，控制新风风门开度以增加新风量。

（9）设备的开/关控制

系统应有对设备远程的开/关控制。也就是说，在控制中心能实现对现场设备的控制。变风量空调机组的监控原理图如图 3-8 所示。

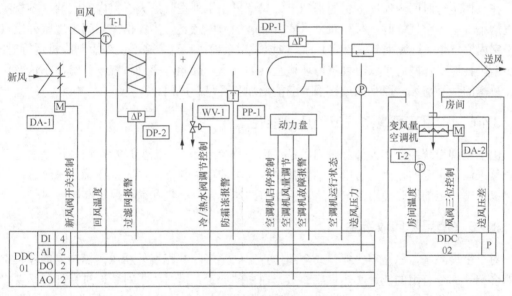

图 3-8 变风量空调机组的监控原理图

3.4 智能楼宇空调系统的节能控制

3.4.1 从节能角度确定室内空气的最佳状态

对于舒适性建筑，并非要求室内空气状态恒于一点，而是允许在较大范围内浮动，如温度为 20～27℃，相对湿度为 40%～70%，均满足舒适性要求。这样，当室外状态偏低时，室内相应靠近此区域的下限；室外状态偏高时，室内则靠近此区域的上限。当室外处于此区域

附近时，则尽可能多用新风，使室内状态随外界空气状态变化。这样既可以最大限度地节能，又可以提高空气品质和舒适程度。

3.4.2 新风量的控制

足够的新风量对于提供良好的室内空气品质，保证室内人员的舒适感和身体健康有着直接意义。但新风取量过多，将增加新风能耗。在满足室内卫生要求的情况下，减少新风量，有显著的节能效果。

3.4.3 优化空调设备启动、停止时间

多数建筑如商场、写字楼等的空调系统，在使用前需要提前进行预冷（或预热），使楼宇在使用时处于要求的温度范围内。而在停止使用前一段时间关闭空调系统，利用系统的热惰性和空调设备温差中的剩余冷量，使室温维持在需求值的范围内。故优化启动和停止时间可以大大提高空调的节能效果，使智能建筑在充分发挥各智能子系统功能的基础上，以最有效和最节能的方式为用户提供舒适的工作环境。

3.4.4 过渡季节采用室外空气作为自然冷源

在空调运行时间内保证卫生的基础上，只有夏季室外空气焓大于室内空气焓、冬季室外空气焓小于室内空气焓时，减少新风量才有显著的节能意义。当提供冷期间出现室外空气焓小于室内空气焓（过渡季节或夜间）时，应该采用全新风运行，这不仅缩短制冷机运行时间，减少新风耗能量，同时可以改善室内环境空气的质量。因此，空气系统设计时，不仅要保证冬、夏季的最小新风，而且在过渡季节应能增加和开足新风门。

3.4.5 利用变风量系统节约风机能耗

由于空调系统在全年大部分时间里是在部分负荷下运行，而变风量空调系统是通过改变送风量来调节室温的，因此可以大幅度减少送风机的动力耗能。同时，在确定系统总风量时还可以考虑一定的同时使用情况，所以能够节约风机运行能耗和减少风机装机容量。

3.4.6 使用热回收装置

对于空调系统，总是需要部分或全部排走室内空气，补充室外新风。在排风的过程中，必然会把一部分有用的能量（热量或冷量）白白的放走，同时为了对新风进行处理又要投入新的能量。若在系统中安装热回收装置（包括热量和冷量的回收），就能回收排风中的能量，用以预热或预冷新风，从而减少处理新风使用的能量。

另外，选择高性能设备及适当的控制策略，也可以达到节能的目的。

3.5 空调通风监控系统的设计

采暖通风、空气调节系统在现代化的建筑中发挥着十分重要的作用，通过调节室内空气的温度、湿度、通风及洁净度，为人们的生活和工作提供一个温度适宜、湿度恰当、空气洁净的舒适环境。但对智能建筑而言，除要求暖通空调系统提供理想的空气品质，还要求对大量的暖通空调设备进行全面的管理与控制，使其以最佳工作状态工作，达到高效节能的运行效果。

3.5.1　空调通风系统

空调通风监控系统作为智能建筑设备自动化监控系统的一个子系统，其监控对象是空调通风系统，采用以计算机为主题的分布式集散控制系统，实现对空调通风设备的自控功能。智能建筑的空调通风系统主要由以下 3 部分组成。

① 供暖系统，主要调节室内温度。

② 冷热源系统，主要对冷却水、冷冻水的温差、热水的制备、压差及流量进行监控。

供暖系统与冷热源系统的主要设备有锅炉、热水泵、热水的制备、终端散热器、冷水交换器、冷却塔、冷却水循环泵、冷冻水循环泵、制冷机组、分汽缸、凝结水回收系统、水流开关、各种阀门等。空气热湿处理系统如图 3-9 所示。

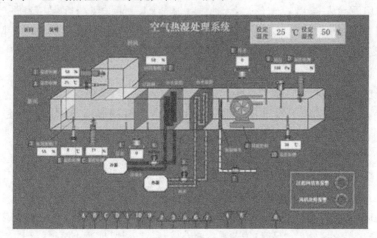

图 3-9　空气热湿处理系统

③ 空调系统，主要是由常规通风系统和防排烟系统组成，具体包括厕所排风系统、地下室机房及车库送排风系统、空调新风送风系统、防烟系统、排烟系统及加压送风系统。对这些系统除定风量系统外，还有变风量系统。其设备主要包括新风机组、空气处理机组、变风量机、通风及、风机盘管等。

3.5.2　空调通风监控系统的任务及监控点

空调通风监控系统是由安装在智能建筑各处的暖通、空调水泵附近的直接数字控制智能控制器分散控制，现场总线连接各智能控制器后接入上位机并受其管理的自动监控系统。

（1）监控任务

① 通风系统的监控，主要监控新风机组、空调处理机组、风机盘管、变风机组等。

② 供暖系统的监控，主要监控供暖热水锅炉、蒸汽——水及水——水换热站、供热网等。

③ 冷热源系统的监控，主要监控冷冻机与锅炉主机、冷冻水系统、冷却水系统、热水制备系统、能量调节与水系统。

（2）监控点

建筑物设备自动化系统很重要的一项工作就是设置监控点，但监控点的设置并没有一个固定的模式和原则，随系统设备不同而异，应根据实际情况或用户的需求等确定监控点的数量和类型。

通常空调通风系统主要监控点有：各设备的开关、运行状态、故障、手动/自动转换开关状态；水泵出水口压；出水水流开关状态；供水/回水压差；新风、送风、回风温度及湿度等。

3.5.3　空调通风监控系统的功能

1. 新风机组监控系统的功能

① 监控风机的启/停及其状态、过滤器是否需要更换。

② 监视新风阀的开/关状态，因风机与所有电动控制法连锁，风机停止要同时关闭新风阀门及电动阀。

③ 比较送风温度与系统中的温度设定值，调节、控制冷冻、回水阀，改变冷冻水流量，使风机出口温度达到设定值。

④ 比较送风湿度与湿度设定值，控制湿度调节阀，使送风湿度保持在适当的范围内。

⑤ 它还具有保护功能，如风机故障报警、过滤器淤塞报警以及新风温度防冻报警。

⑥ 对于新风机组，控制并监测各机组的启/停及其运行状态、送风温度、湿度及各阀门状态；而且新风机组工作异常时发出报警信号。

2. 空调处理机的监控

空调处理机的调节对象不是送风参数，而是相应区域的温度、湿度，通过空调及组的监控可以使楼宇中某一区域的空气参数达到要求的数值。

空调处理机组监控系统的监控功能如下。

① 控制风机的启/停，并监控其运行状态。

② 同样也具有风机故障报警、过滤网淤塞报警等保护功能。

③ 带有回风管的空调机组，一要保证经过处理的空气参数满足舒适性的要求，二要重点根据回风管、新风管的温度、湿度的监测，控制新风、回风比例使空气处理能耗最小达到节能的目的。

复习与思考题

1. 简述智能楼宇空调系统典型的执行器及其应用。
2. 简述温度测量的分类，以及常用的温度测量仪有哪些？
3. 简述湿度测量的特点，以及常用的湿度测量方法有哪些？
4. 说明超声波流量计的工作原理，以及超声波流量计的灵敏度与哪些因素有关？
5. 流量测量有哪些方法？
6. 有哪些因素影响液位、压力、温度、湿度测量？应该怎么克服？
7. 常用的液位测量方法有哪些？在智能化楼宇中会用到哪些？
8. 暖通空调机组由哪些部分组成？
9. 新风机组有哪些监控内容？
10. 空调机组有哪些监控内容？

第4章 智能楼宇的给水排水系统

随着建筑业的发展，建筑给水排水专业迅速发展已成为给水排水中不可缺少而又独具特色的组成部分。在发展阶段，专业队伍上已具备积累了一定经验并经过专业培训的设计、施工、安装管理人员；技术上积累了以前的实践经验、借鉴了国外的新技术，专业技术有了明显的突破和发展，其中消防给水系统在建筑给排水中的发展尤为突出。随着社会的发展，城市的高层建筑越来越多，由市政水管网所提供的水压一般满足不了高层建筑给水的要求。市政给水管网常年提供的资用水头为 0.40MPa，室内给水系统拟采用分区给水方式。初步拟定该建筑给水系统分两个区：1~8 层为低区，由市政管网直接供水；9 层至设备层为高区，由直联无负压给水设备供水。

高层建筑的供水系统一旦不能正常工作，必将给人们的工作和生活带来麻烦，甚至造成巨大的损失。为此，设计一套安全、可靠、高质量的供水系统给高层建筑供水，具有现实意义。

4.1 恒压变频供水系统

以前通常采用恒速泵直接供水、高位水箱供水和气压水箱（见图 4-1）供水几种方式来缓解，

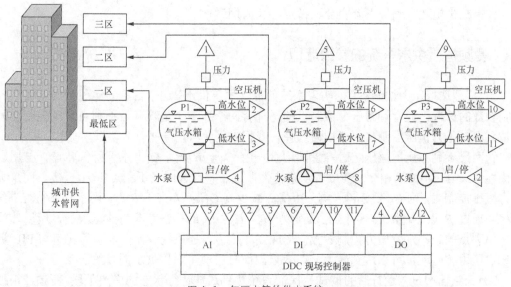

图 4-1　气压水箱的供水系统

这些方法供水压力稳定，但存在水质污染、浪费严重，设备使用寿命不长，需派专人管理等弊端，近年来在供水系统中引入了变频调速技术，较好地解决了以上的问题。采用变频调速恒压供水系统和传统的恒速泵供水系统、高位水箱供水系统、气压水箱供水系统相比，其优点是如下。

① 水压稳定、维护方便、占地面积小、节约能源。

② 启动平稳，启动电流可以限制在额定电流以内，从而避免了启动时对电网的冲击。

③ 由于泵的平均转速降低了，从而可以延长泵和阀的使用寿命。

④ 可以消除启动和停止时的水锤效应（直接启动和停机时，液体动能的急剧变化，导致对管内的极大冲击，有很大的破坏力）。再有，用户用水的多少是经常变动的，因此，供水不足或供水过剩的情况时有发生。而用水和供水之间的不平衡集中地反映在供水的压力上：用水多而供水少，则压力低；用水少而供水多，则压力大。保持供水压力恒定，可使供水和用水之间保持平衡，即用水多时供水也多，用水少时供水也少，从而提高供水质量。

恒压力供水系统不需设置水箱，仅在地下室或某些空余之处设置水泵机组、气压水箱等设备，采用压力给水来满足建筑物的供水需要。压力给水可采用并联气压水箱给水系统，也可采用无水箱的几台水泵并联给水系统。

恒压供水系统对于某些工业或特殊用户是非常重要的。例如，在某些生产过程中，若自来水供水因压力不足或短时断水，可能影响生产质量，严重时使产品报废或设备损坏。又如，当发生火灾时，可能引起重大经济损失和人员伤亡。所以，某些用水区采用恒压供水系统，具有较大的经济和现实意义。

通过安装在管网上的压力传感器，把水压转换成 4~20mA 的模拟信号，通过变频器内置的 PID 控制器，来改变电动水泵转速。当用户用水量增大，管网压力低于设定压力时，变频调速的输出频率将增大，水泵转速提高，供水量加大，当达到设定压力时，电动水泵的转速不再变化，使管网压力恒定在设定压力上；反之亦然。

目前，交流电机变频调速技术是一项已广泛应用的节能技术。由于电子技术的飞速发展，变频器的性能有了极大提高，它可以实现控制设备软启软停，不仅可以降低设备故障率，还可以大幅减少电耗，确保系统安全、稳定、长周期运行。

4.2 变频恒压供水系统的参数选取

① 合理选取压力控制参数，实现系统低能耗恒压供水。这个目的的实现关键就在于压力控制参数的选取，通常管网压力控制点的选择有两个：一个是管网最不利点恒压控制，另一个是泵出口压力恒压控制。两者如何选择，我们来简单分析一下。

管网最不利点压力恒压定时，管网用水量由 Q_{max} 减少到 Q_1，水泵降低转速，与用水管路特性曲线 A（不变）相交于点 C，水泵特性曲线下移，管网最不利点压力为 H_0。而泵出口压力恒压控制时，则 H_a 不变，用水量由 Q_{max} 减少到 Q_1 与 H_a 交于 B 点，用水管路特性曲线 A 上移并通过 B 点，管网最不利点压力变为 H_b，H_b—H_0 的扬程差即为能量浪费，所以选择管网最不利点的最小水位压力控制参数，形成闭环压力自控系统，使得水泵的转速与 PID 调节器设定压力相匹配，可以达到最大节能效果，而且实现了恒压供水的目的。

② 变频器在投入运行后的调试是保证系统达到最佳运行状态的必要手段。变频器根据负载的转动惯量的大小，在启动和停止电机时所需的时间不同，设定时间过长会导致变频器在

调速运行时使系统变得调节缓慢，反应迟滞，应变能力差，系统易处在短期不稳定状态中。

为了变频器不跳闸保护，现场使用中的许多变频器加减速时间的设置过长，它所带来的问题很容易被设备外表的正常而掩盖，但是变频器达不到最佳运行状态。所以，现场使用时要根据所驱动的负载性质不同，测试出负载的允许最短加减速时间进行设定。对于水泵电机，加减速时间的选择为 0.2～20s。

4.3　采用可编程序控制器控制

随着电力电子技术的发展，电力电子器件的理论研究和制造工艺水平的不断提高，电力电子器件在容量、耐压、特性和类型等方面得到了很大的发展。进入 20 世纪 90 年代，电力电子器件向着大容量、高频率、响应快、低损耗的方向发展。作为应用现代电力电子器件与微计算机技术有机结合的交流变频调速装置，随着产品的开发创新和推广应用，使得交流异步电动机调速领域发生了一场巨大的技术革命。目前，自动恒压供水系统应用的电动机调速装置均采用交流变频技术，而系统的控制装置采用 PLC 控制器，因 PLC 不仅可实现泵组、阀门的逻辑控制，并可完成系统的数字 PID 调节功能，可对系统中的各种运行参数、控制点实时监控，并完成系统运行工况的 CRT 画面显示、故障报警及打印报表等功能。自动恒压供水系统具有标准的通信接口，可与城市供水系统的上位机联网，实现城区供水系统的优化控制，为城市供水系统提供了现代化的调度、管理、监控及经济运行的手段。

恒压供水控制系统的基本控制策略是：采用电动机调速装置与可编程控制器（PLC）构成控制系统，进行优化控制泵组的调速运行，并自动调整泵组的运行台数，完成供水压力的闭环控制，在管网流量变化时达到稳定供水压力和节约电能的目的。系统的控制目标是泵站总管的出水压力，系统设定的给水压力值与反馈的总管压力实际值进行比较，其差值输入CPU 运算处理后，发出控制指令，控制泵电动机的投运台数和运行变量泵电动机的转速，从而达到给水总管压力稳定在设定的压力值上。

PLC 控制变频器调速供水电路是一种十分灵活的控制系统，在较大的多台水泵供水系统中应用相当普遍。

图 4-2 所示的 PLC 控制变频调速恒压供水原理图是由欧姆龙可编程控制器 CQMI 控制的3 台泵控制系统。其工作情况介绍如下。

4.3.1　运行特征

以 3 台水泵的恒压供水系统为例。系统在自动运行方式下，可编程控制器控制变频器、软启动 1#泵，此时 1#泵进入变频运行状态，其转速逐渐升高，当供水量为 $Q<1/3Q_{max}$ 时（Q_{max} 为 3 台水泵全部工频运行时的最大流量），可编程控制器 CPU 根据供水量的变化自动调节 1#泵的运行转速，以保证所需的供水压力。当用水量 Q 为 $1/3Q_{max}<Q<2/3Q_{max}$ 时，1#泵已不能满足用户所需的用水量，这时可编程控制器发出指令将 1#泵转为工频运行，并软启动 2#泵，使 2#泵进入变频运行工况，2#泵的运行转速由用户用水量决定，以保证供水系统最不利点所需的供水压力。当外需供水量 Q 为 $2/3Q_{max}<Q<Q_{max}$ 时，可编程控制器发出指令再将 2#泵置于工频运行状态，同时软启动 3#泵进入变频运行工况，此时 3#泵的运行转速由用户的用水量确定，以保证供水系统最不利点的供水压力恒定。

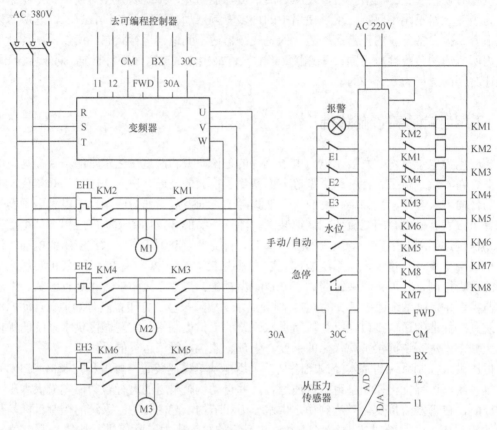

图 4-2 PLC 控制变频调速恒压供水原理图

4.3.2 系统方案

目前，住宅小区变频恒压供水系统设计方案主要采用"一台变频器控制一台水泵"（即"一拖一"）的单泵控制系统和"一台变频器控制多台水泵"（即"一拖 N"）的多泵控制系统。随着经济的发展，现在也有采用"二拖三"、"二拖四"、"三拖五"的发展趋势。"一拖 N"方案虽然节能但效果略差，但具有投资节省，运行效率高的优势。它还具有变频供水系统启动平稳，对电网冲击小，降低水泵平均转速，消除"水锤效应"，延长水泵阀门、管道寿命，节约能源等优点，因此目前仍被普遍采用。

4.3.3 "一拖 N"多泵系统的一般控制要求

（1）多泵循环运行程序控制

以"一拖三"为例。先由变频器启动 1#水泵运行，若工作频率已达到变频器的上限值50Hz 而压力仍低于规定值时，将1#水泵切换成工频运行，此时变频器的输出频率迅速下降为 0，然后启动 2#水泵，供水系统处于"1 工 1 变"的动行状态；若变频器再次达到上限值50Hz 时而压力低于规定值时，将 2#水泵也切换成工频运行，再由变频器去启动 3#水泵，供水系统处于"2 工 1 变"的运行状态。反之，若变频器工作频率已下降至下限值（一般设定为 25～35Hz）而压力仍高于规定值时，令 1#水泵停机，供水系统又处于"1 工 1 变"的运行状态；若变频器工作频率又降至下限值时而压力仍高于规定值时，令 2#水泵停机，系统恢复到一台水泵变频运行状态。如此循环不已。其他的"一拖 N"程序控制，依此类推。

（2）设置换机间隙时间

当水泵电动机由变频切换至工频电网运行时，必须延时几秒进行定速运行后接触器才能自动合闸，以防止操作过电压；而当水泵电动机由工频切换至变频器供电运行时，也必须延时几秒后接触器再闭合，以防止电动机高速运转产生的感应电动势损坏变频器。延时时间根据水泵电动机的功率而定：功率越大，时间越长，一般取值 2～3s。

（3）确保触点相互联锁

在电路设计和 PLC 程序设计中，控制每台水泵"工频－变频"切换的两台接触器的辅助触点或者 PLC 内部"软触点"必须相互联锁，以保证可靠切换，防止变频器 UVW 输出端与工频电源发生短路而损坏。为杜绝切换时接触器主触点意外熔焊、辅助触点误动作而损坏变频器的事故，最好采用两台连体、机械和电气双重连锁的接触器，如德力西公司的 CJX2-N 型联锁接触器等。

（4）水泵轮换启动控制

可以自由设置水泵启动顺序：可设置成 1#水泵先启动，也可设置 2#、3#或 N#水泵先启动。所有水泵平均使用，能有效防止个别水泵可能长期不用时发生的锈死现象。

（5）设置定时换机时间

在水泵群中，定时切换运行时间最长的水泵，以保证所有水泵的均衡使用。

（6）变频器或 PLC 带有 PID 调节器

PID（比例－积分－微分）调节器的积分环节 I（即积分时间）调整应合理：时间太短，则系统动态相应快，反应灵敏，但易产生振荡，水泵来回切换；时间太长，则当压力发生急剧变化时，系统反应过慢，容易产生压力过高，导致管道爆裂。

4.4　高层建筑给水排水工程

高层建筑给水排水工程与一般多层建筑和低层建筑给水排水工程相比，基本理论和计算方法在某些方面是相同的，但因高层建筑层数多、建筑高度大、建筑功能广、建筑结构复杂，以及所受外界条件的限制等，高层建筑给水排水工程无论是在技术深度上，还是广度上，都超过了低层建筑物的给水排水工程的范畴，并且有以下一些特点。高层建筑给水排水设备的使用人数多，瞬时的给水量和排水量必须具备安全可靠的水源，以及经济合理的给水排水系统形式，并妥善处理排水管道的通气问题，以保证供水安全可靠、排水通畅和维护管理方便。下面就高层建筑给水排水工程的主要特点介绍如下。

① 高层建筑层数多、高度大。给水系统及热水系统中的静水压力很大，为保证管道及配件免受破坏，必须对给水系统和热水系统进行合理的竖向分区，加设减压设备以及中间和屋顶水箱，使系统运行完好。

② 高层建筑的功能复杂，失火可能性大，失火后蔓延迅速，人员疏散及扑救困难。为此，必须设置安全可靠的室内消防给水系统，满足各类消防的要求，而且消防给水的设计应"立足自救"，方可保证及时扑灭火灾，防止重大事故发生。

③ 高层建筑对防噪声、防震等要求较高，但室内管道及设备种类繁多、管线长、噪声源

和震源多，必须考虑管道的防震、防沉降、防噪声、防水锤、防管道伸缩变位、防压力过高等措施。以保证管道不漏水，不损坏建筑结构及装饰，不影响周围环境，使系统安全运行。

4.4.1　高层建筑生活给水

对适用于高层建筑的生活给水设计秒流量计算方法，一直在进行研究。经验法、概率法、平方根法等计算方法不断地被修正和改进。用科学的概率法取代现在仍在使用的平方根法，研究人员在此方面进行了不少尝试。

变频恒压调速供水技术日益成熟，加上减压阀的使用，改善了原来高层建筑"水箱—水泵联合供水"和"水箱减压"方法中出现的"水质二次污染"和"水箱占用大量建筑面积"的状况，同时也达到了节能效果。再次，在贮水方面，合建水箱的设计方式已越来越少地被采用，取而代之的是生活水池与消防水池分建的设计方式。其中，生活水池也大多倾向于采用不锈钢板等组合式水箱。

4.4.2　高层建筑消防给水

因为高层建筑的消防特点是"立足于自救"，因而自动喷水灭火系统的设计更加受到重视，新的《自动喷水灭火系统设计规范》已于 2001 年 7 月颁布执行。新的规范对设置场所危险等级、设计基本参数、管道水力计算等方面都作出了一些调整。这些调整都是注入了广大设计人员近年来工作研究实践得出的宝贵经验，以及借鉴了国外工程设计经验的结果。

其次，消火栓给水系统也在变频分级供水方面进行了有益的尝试和应用。另外，为保障高层建筑火灾初期消防水压及水量而设计的稳高压系统，先从上海地区得到应用，然后逐步在各地推广开来，其计算及设计手段逐渐成熟，乃至有人建议将稳高压消防给水系统单独列入《高层民用建筑设计防火规范》，以区别原有的常高压消防给水系统和临时高压消防给水系统。

高层建筑室内消防设计的主要内容有：消火栓系统，自动喷水灭火系统，二氧化碳灭火系统，干粉灭火系统，卤代烷灭火系统（现已不让采用），蒸汽灭火系统，烟雾灭火系统等。以水作为灭火剂的主要有消火栓系统和自动喷水灭火系统。自动喷水灭火系统又分闭式系统（有湿式、干式、预作用、重复启闭预作用 4 种系统）、雨淋系统、水幕系统、自动喷水—泡沫联用系统。其中，闭式系统中的湿式自动喷水灭火系统最为常用。

消火栓给水系统设计包括消防用水量的确定；消防给水方式确定；消防栓的位置、消防栓的个数和型号确定；消防水池、水箱的容积确定；消防管道的水力计算及消防水压的计算；消防水泵的流量、扬程、型号和稳压系统的确定；消防控制系统的确定；消火栓给水系统的施工图绘制及施工要求。自动喷水灭火系统设计包括方案确定；供水方式确定；喷头布置；喷头型号的确定；管网水力计算；报警阀、水流指示器的选型；自喷水泵的流量、扬程、型号和稳压系统的确定；自动控制系统的确定；自喷系统的施工图绘制及施工要求。

4.4.3　室内给水工程

由于高层建筑对消防给水的安全可靠性能要求严格，故高层建筑应独立设计生活给水系统和消防给水系统。高层建筑若只采用一个给水系统供水，建筑低层的配水点所受的静水压力很大，易产生水锤，损坏管道及附件，流速过大产生水流噪声；低层压力过大，开启水龙头时，水流喷溅严重；使用不便，根据建筑给排水设计手册上卫生器具的最大静水压力不得超过 0.35MPa。因此，高层建筑给水系统必须分区。设计任务书给定了市政给水管网提供常年的水压为 0.3MPa。根据给水最小所需压力估算方法：第一层 0.10MPa，第二层 0.12MPa，二层以上增加一层压力需增加 0.04MPa，则 0.3MPa 的压力能直接供到第六层还多 0.02MPa。所以 1～6 层为一个区，上面 7～15 层为一个区，总共就两个区。1～6 层用市政管网直接供水，其中底层和 2～6 层单独设立管。

若考虑到本设计对象是 15 层的高层建筑，市政管网提供的压力不能全部直接供水，故必须对生活用水进行提升或加压。一般高层建筑设计都使用高位水箱供水，供水压力稳定，设计也使用高位水箱；又因设计对象是高层民用住宅楼，通过查看平面图纸，结合建筑物的布置情况和楼层的承载力情况和水箱本身占用大量的建筑面积，设计没有分区设置水箱的可能，即在楼层中间没有建筑面积允许设置水箱，因此串联供水不可能，故高区的供水应由地面用泵抽升到高区水箱。

高层建筑热水工程设计的主要内容包括：热水供应方式的确定，热水供应管道系统的布置，热水系统的管材的选择，热水管道的水力计算，集中热水供应系统要进行设计冷水加热设备（如锅炉）及阀门和附件的选用，以及最后的施工图纸的绘制。高层建筑热水工程的监控如图 4-3 所示。

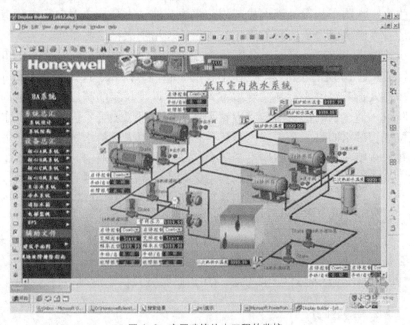

图 4-3　高层建筑热水工程的监控

4.4.4　室内消防工程给水

消防给水系统按给水方式不同可分为消火栓给水系统和自动喷水灭火系统。目前，在我国 100m 以下的高层建筑中自动喷水灭火系统主要应用于消防要求高、火灾危险性大的场所；100m 以上的高层由于火灾隐患多，火灾蔓延快，人员疏散、火灾扑救难度大，需要设置自动喷水灭火系统；100m 以下的建筑主要以消火栓给水系统为主。消火栓给水系统分为室内消火栓给水系统和室外消火栓给水系统，消火栓的布置范围包括各楼层、消防电梯前室和屋顶检验用。室内消防工程如图 4-4 所示，消火栓保护半径为 23m。

图 4-4　室内消防工程

若对象是 15 层的小高层，高度不超过 50m，根据规范，建筑高度不超过 50m 的高层建筑，一旦发生火灾消防车从室外消火栓或消防水池，通过水泵接合器向室内管道送水仍然可以加强室内的管网供水能力，协助救火。故本设计选用消火栓给水系统。

室内消火栓给水系统有分区、不分区两种方式。消火栓的静水压力超过 0.80MPa 时就需要分区供水，而若是 10 层的小高层，高度不超过 50m，静水压力小于 0.80MPa，可以不分区。火灾的隐患少，人员疏散也快，扑救难度不大则无须设置长年的高压消防给水，一旦火灾发生了开启消防泵，通过水泵接合器向室内管道送水仍然可以加强室内的管网供水能力，火灾初期通过高位水箱供水即可。基于以上所述，初步拟定消火栓给水系统方案如下。

方案比较：方案（一）设置专用的消防泵，从贮水池内抽取消防水，消水箱和生活给水贮水池合建，火灾发生初期 10min 用水直接取之于生活给水箱，并设置止回阀，这样既消除了消防水箱带来的楼层负荷加大和要专门管理消防水箱的现象，又节省了工程投资；方案（二）设置高位消防水箱，水箱一般要求贮存 3h 的消防用水量，这样水箱的容积很大，势必造成楼层压力增大。另设水箱成本也较大，且消防水箱的水也要定期清换，比较麻烦。若是 15 层小高层，层高 2.9m，总楼高不超 45m，根据建筑给排水设计手册规定，消防栓的最大静水压力不超过 0.8MPa，设计可无须分区消防供水，用消防泵直接供水满足条件。

4.4.5　高层建筑排水

智能化楼宇的卫生条件要求较高，其排水系统必须通畅，保证水封不受破坏。有的建筑采用粪便污水与生活废水分流，避免水流干扰，改善了卫生条件。

智能化楼宇一般都建有地下室，有的深入地面下 2～3 层或更深些，地下室的污水常不能以重力排除，在此情况下，污水集中于污水集水井，然后以排水泵将污水提升至室外排水管中。污水泵应为自动控制，保证排水安全。

排水的输送已不限于重力流和压力流，虹吸流也出现在压力（虹吸）式屋面雨水排水系统。在排水塑料管的噪声防治问题上，或采用改变水流状态的方法，或采用改变管道结构型式，或兼用两种方式，都有一定效果。

高层建筑给水工程设计的主要内容有：用水量计算，给水方式的确定，管道设备的布置，管道的水力计算及室内所需水压的计算，水池、水箱的容积确定和构造尺寸确定，水泵的流量、扬程及型号的确定，管道设备的材料及型号的选用，施工图的绘制和施工要求。

高层建筑排水工程设计内容包括：排水体制的确定，排水方案的确定，排水管道系统的布置，排水管道的水力计算及排水通气系统的计算，卫生设备的选型及布置，局部污水处理，构筑物的选型，屋面雨水排水系统的确定，排水管材的定型，排水系统施工图的绘制和施工要求。

4.4.6 排污系统的监控和处理

对智能楼宇或小区内的排污系统需要进行监控和处理（见图 4-5），具体的有关排水系统监控点有：

- 地下集水井超高、低液位报警（DI）；
- 排/污水泵开/关控制（DO）、开/关状态（DI）；
- 手动/自动状态及故障报警（DI）。

对排水系统实现的监控功能包括：

① 监测潜水泵运行状态、故障报警、手/自动转换状态，并记录运行时间；

② 潜污泵启停控制；

集水井超高液位报警：高液位时，启动水泵；集水井低液位时停止水泵。

图 4-5 排污系统的监控和处理

对上述给水排水设备记录其运行情况，生成趋势图，并打印报表。系统通过彩色三维图形显示不同设备的状态和报警，显示每个参数的值，通过鼠标任意修改设定值，以求达到最佳工况。同时，累计水泵及其他给排水设备的运行时间。

根据实际情况、建筑性质、规模、污水性质、污染程度，结合市政排水制度与处理要求综合考虑，设计排水系统采用合流制，卫生间污废水经化粪池处理后排至市政排水管网。雨水采用独立的排水系统，设专门的雨水立管将雨水排入市政排水管道。

（1）污水排水系统

在设计中，由于建筑较高、排水立管长、水量大的缘故，常常会引起管道内的气压极大波动，并极有可能形成水塞，造成卫生器具溢水或水封被破坏，从而使下水道中的臭气侵入室内，污染环境。因此，在本建筑设计中设置专用通气管，污水排水系统由卫生洁具、横支管、立管、排出管（出户管）、通气管、检查口、清扫口、检查井、抽升设备以及化粪池组成。

综上所述，本建筑为高层建筑，排水系统分为高、低两区，高区 2～16 层采取集中排水，低区 1 层采取单独排放，并就近排至户外。高区排水立管设有专用通气管，低区不设。地下室积水经地沟排至集水坑，再通过污水提升泵排至室外。

（2）雨水排水系统

本设计中，屋面雨水采用封闭式内排水系统。封闭式内排水系统是用管道将屋面雨水引入建筑物内部，再通过管道有组织地将雨水排至室外。屋面雨水内排水系统由雨水斗、连接管、悬吊管、排水立管、排出管以及埋地管组成。所有的污废水经化粪池处理后排入下水道，建筑排水系统采用合流制。

图 4-6　天津市北仓污水处理厂工程

北仓污水处理厂工程是依据天津市排水规划，在天津市六大排水系统之一的北仓排水系统建设的污水处理工程，如图 4-6 所示。

污水处理能力为 10 万立方米/日，污水处理采用 A/O 除磷工艺，污泥处理采用浓缩—中温厌氧消化—机械脱水处理工艺。主要工程内容包括厂内主要构筑物 38 座，厂外新建污水泵站 1 座，辅设进出水管道约 18.9km。工程总投资 3.7 亿元人民币。

北仓污水处理厂的建成，对于改善天津市的环境质量，开发利用水资源，保障市民的健康，促进工农业生产发展，引进外资至关重要，也是中国海河流域水污染防治的重要内容。

复习与思考题

1. 给排水监控系统的主要监控内容是什么？
2. 智能楼宇采用恒压变频供水的优点有哪些？
3. 为什么污水和雨水排水系统要分开设置？
4. 消火栓给水系统设计包括哪些内容？

5. 高层建筑给水工程设计主要包括哪些内容？
6. 高层建筑给水排水工程的主要特点有哪些？

第 5 章 智能楼宇的安全防范系统

5.1 安全防范系统概述

5.1.1 安全防范系统的定义

安全防范系统是以维护社会公共安全为目的，运用安全防范产品和其他相关产品所构成的入侵报警系统、视频安防监视系统、出入口控制系统、防爆安全检查系统等，或由这些系统为子系统组合或集成的电子系统或网络。

安全防范系统在国内标准中定义为 Security & Protection System，而国外则更多称其为损失预防与犯罪预防（Loss Prevention & Crime Prevention）。损失预防是安防产业的任务，犯罪预防是警察执法部门的职责。

安全防范系统已经成为楼宇智能化工程的一个必配系统，因为有智能化的安防系统作技术保障，故可以为智能楼宇内的人员提供安全的工作和生活场所。如何更有效地保障财物、人身或重要数据和资料等的安全呢？首要的是设法将不法分子拒之门外，使其无从下手。万一不法分子有机可乘进入防范区域时，必须能即时报警和快速响应处置，将案发消灭在萌芽状态。如若案发，则系统还应有清晰的图像资料为破案提供证据。如此构建的安防系统环环相扣才能收到理想的效果。

安全防范系统的功能不仅要防止外部人员的非法入侵，而且对某些重要的地点、物品以及内部工作人员或重要人员实施保护，还要作为案件发生后的辅助破案的重要手段和依据。

5.1.2 安全防范的三种基本手段

安全防范是包括人力防范（Personnel Protection）、物理防范（Physical Protection，也称为实体防护）和技术防范（Technical Protection）三方面的综合防范体系。

（1）人力防范（人防）

执行安全防范任务的具有相应素质人员和（或）人员群体的一种有组织的防范行为（包括人、组织、管理等）。

（2）实体防范（物防）

用于安全防范目的、能延迟风险事件发生的各种实体防护手段，包括建（构）筑物、屏障、器具、设备、系统等。

（3）技术防范（技防）

利用各种电子信息设备组成系统和（或）网络以提高探测、延迟、反应能力和防护功能的安全防范手段。

对于保护建筑物目标来说，人力防范主要有保安站岗、人员巡更、报警按钮、有线和无线内部通信；物理防范主要是实体防护，如周界栅栏、围墙、入口门栏等；而技术防范则是以各种现代科学技术，通过运用技防产品、实施技防工程手段，以各种技术设备、集成系统和网络来构成安全保证的屏障。

5.1.3　安全防范工程的三个基本要素

安全防范工程（Engineering of Security & Protection System）是以维护社会公共安全为目的，综合运用安全防范技术和其他科学技术，为建立具有防入侵、防盗窃、防抢劫、防破坏、防爆安全检查等功能（或其组合）的系统而实施的工程，通常也称为技防工程。

安全防范有三个基本防范要素，即探测（Detection）、延迟（Delay）和反应（Response）。首先要通过各种传感器和多种技术途径（如电视监视、门禁报警等），探测到环境物理参数的变化或传感器自身工作状态的变化，及时发现是否有人强行或非法侵入的行为；然后通过实体阻挡和物理防护等设施来起到威慑和阻滞的双重作用，尽量推迟风险的发生时间，理想的效果是在此段时间内使入侵不能实际发生或者入侵很快被中止；最后是在防范系统发出警报后采取必要的行动来制止风险的发生，或者制服入侵者，及时处理突发事件，控制事态的发展。

安全防范的三个基本要素中，探测、反应、延迟的时间必须满足

$$T_{探测}+T_{反应}\leqslant T_{延迟}$$

的要求，必须相互协调,否则,系统所选用的设备无论怎样先进，系统设计的功能无论怎样多,都难以达到预期的防范效果。

5.1.4　智能楼宇安全防范系统的基本结构

智能楼宇安全防范系统的主要任务是根据不同的防范类型和防护风险的需要，为保障人身与财产的安全，运用计算机通信、电视监控及报警系统等技术形成综合的安全防范体系。它包括建筑物周界的防护报警及巡更、建筑物内及周边的电视监控、建筑物范围内人员及车辆出入的门禁管理 3 大部分，以及集成这些系统的上位管理软件，组成框图如图 5-1 所示。确保建筑物的安全是系统第一的任务。

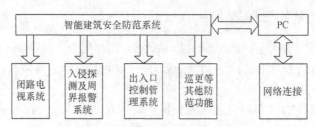

图 5-1　智能楼宇安全防范系统组成框图

一般而言，防入侵报警系统由报警探测器、接警接收及响应控制装置和处警对策 3 大部分组成。电视监控系统由前端摄像系统、视频传输线路、视频切换控制设备、后端显示记录

装置 4 大部分组成。门禁管理系统由各类出入凭证、凭证识别与出入法则控制设备和门用锁具 3 大部分组成。智能楼宇的控制网络如图 5-2 所示。

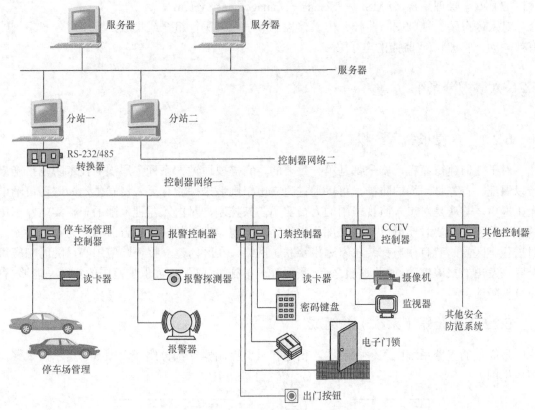

图 5-2　智能楼宇的控制网络

（1）入侵报警系统（Intruder Alarm System，IAS）利用传感器技术和电子信息技术探测并指示非法进入或试图非法进入设防区域的行为，处理报警信息、发出报警信息的电子系统或网络。

（2）视频安防监控系统（Video Surveillance & Control System）

利用视频技术探测、监视设防区域并实时显示、记录现场图像的电子系统或网络。

这里所指的视频安防监控系统不同于一般的工业电视或民用闭路电视系统，它是特指用于安全防范的目的，通过对监视区域进行视频探测、视频监视、控制、图像显示、记录和回放的视频信息系统或网络。

（3）出入口控制系统（Access Control System）

利用自定义符识别或/和模式识别技术对出入口目标进行识别并控制出入口执行机构启闭的电子系统或网络。

（4）电子巡查系统（Guard Tour System）

对保安巡查人员的巡查路线、方式及过程进行管理和控制的电子系统。

（5）停车库（场）管理系统（Parking Lost Management System）

对进、出停车库（场）的车辆进行自动登录、监控和管理的电子系统或网络。

（6）防爆安全检查系统（Security Inspection System for Anti-Explosion）

检查有关人员、行李、货物是否携带爆炸物、武器和/或其他违禁品的电子设备、系统或网络。

（7）安全管理系统（SMS——Security Management System）

对入侵报警、视频安防监控、出入口控制等子系统进行组合或集成，实现对各子系统的有效联动、管理和/或监控的电子系统。

5.2 入侵报警系统

5.2.1 入侵报警系统概述

对于任何建筑而言，安全都是第一重要的，它需要通过一系列多层次的技术防范措施来予以保证。首先是周界的防护，可以通过建立电子围墙来探测有无入侵发生，同时还可辅以人工巡更。其次是对出入监视范围的人员实施门禁控制，对出入监视范围的车辆实施停车场的自动管理。必要时还可以对重要部位实施闭路电视监控，并辅以声音监听作为复合手段。对居住小区内的所有住户都装备家庭报警联防网络，在区内建立报警响应中心，随时响应每个家庭发出的报警信号。如此这般之后，只要管理措施执行得力，被保护范围的安全是能够 有充分保障的。

5.2.2 报警器（系统）的组成

最简单的报警系统由入侵探测器、信道和报警控制器 3 部分组成。图 5-3 所示为报警器组成框图。

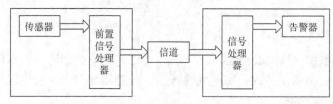

图 5-3 报警器组成框图

（1）探测器

探测器是安装在防范现场的，用以探测入侵信号的装置。它的核心部件是传感器，传感器的作用是将被探测的物理量（如力、位移、速度、加速度、声、光等）转换成相应的、易于精确处理的电量（如电流、电压、电容等）输出的一种转换装置。探测器中的信号处理器（有的探测器只有传感器没有信号处理器）具有将原始的电信号放大、滤波、调制等功能，使之成为能在信道中传播的探测电信号。探测器种类很多，如磁开关探测器、振动探测器、被动红外探测器、主动红外探测器、玻璃破碎探测器、微波/被动红外双技术探测器等。

（2）信道

信道是传输信号的媒介，它不仅包括从探测器到报警控制器之间的导线，还包括其中所有的转换设备，如中继放大器、编码译码器、发射接收器等。信道的作用是将探测器输出的电信号及时、准确地传送给报警控制器，并将报警控制器的指令传送给探测器。在报警技术中常用信道有两种，即有线信道和无线信道。

① 有线信道。有线信道也可以说是有形信道，即看得见摸得着的信道。常用的传输线有多芯线、双绞线、同轴电缆、光缆、电话线等。

② 无线信道。无线信道也可以说是无形信道，它是以电磁波为传输介质的信道。

（3）报警控制器

报警控制器是安装在值班室的能接收由信道传输来的危险信号而发出声光报警，同时又能向探测器发出指令的装置。

5.2.3　探测器的分类

探测器的种类很多，分类方式也有多种。探测器的选型要求如表 5-1 所示。

表 5-1　　　　　　　　　　　　　　　**探测器的选型要求**

名　称	适应场所与安装方式	主要特点	适宜工作环境和条件
超声波多普勒探测器	室内空间型：有吸顶、壁挂等	没有死角且成本低	警戒空间要有较好密封性
微波多普勒探测器	室内空间型：壁挂式	不受声、光、热的影响	可在环境噪声较强，光变化、热变化较大的条件下工作
被动红外入侵探测器	室内空间型：有吸顶、壁挂、幕帘等	被动式（多台交叉使用互不干扰)，功耗低，可靠性较好	日常环境噪声，温度在15℃～25℃时探测效果最佳
微波和被动红外复合入侵探测器	室内空间型：有吸顶、壁挂、楼道等	误报警少（与被动红外探测器相比)；可靠性较好	日常环境噪声，温度在15℃～25℃时探测效果最佳
被动式玻璃破碎探测器	室内空间型：有吸顶、壁挂等	被动式；仅对玻璃破碎等高频声响敏感	常环境噪声
振动入侵探测器	室内、室外	被动式	远离振源
主动红外入侵探测器	室内、室外（一般室内机不能用于室外)	红外脉冲、便于隐蔽	室内周界控制；室外"静态"干燥气候
遮挡式微波入侵探测器	室内、室外周界控制	受气候影响	无高频电磁场存在场所；收发机间无遮挡物
振动电缆入侵探测器	室内、室外均可	可与室内外各种实体周界配合使用	非嘈杂振动环境
泄漏电缆入侵探测器	室内、室外均可	可随地形埋设，可埋入墙体	两探测电缆间无活动物体；无高频电磁场存在场所
磁开关入侵探测器	各种门、窗、抽屉等	体积小、可靠性好	非强磁场存在情况
紧急报警装且	用于可能发生直接威胁生命的场所（如金融营业场所、值班室、收银台等）	利用人工启动（手动报警开关、脚踢报警开关等)发出报警信号	日常工作环境

（1）按传感器种类划分

按传感器种类即按探测的物理量来划分，探测器可分为磁开关探测器、振动探测器、声控探测器、被动红外探测器、主动红外探测器、微波探测器、电场探测器、激光探测器等。

（2）按探测器的工作方式划分

按探测器工作方式划分，可将探测器分为主动式探测器和被动式探测器。

① 主动式探测器。工作时探测器中的发射传感器向防范现场发射某种形式的能量，在接收传感器上形成稳定变化的信号分布。一旦危险情况出现，稳定变化的信号被破坏，形成携有报警信息的探测信号，经处理后产生报警信号。这种探测器中的传感器有发射和接收置于同一机壳内的，如超声波探测器；也有发射和接收分置在两个不同壳内的，如主动红外探测器、激光探测器等。

② 被动式探测器。工作时探测器本身不向防范现场发射能量，而是依靠接收自然界的能量在探测器的接收传感器上形成稳定变化的信号，当危险情况出现时，稳定变化的信号被破坏，形成携有报警信息的探测信号，经处理产生报警信号，如被动红外探测器、振动探测器等。

（3）按警戒范围划分

按警戒范围划分，可将探测器分为点控制式探测器、线控制式探测器、面控制式探测器和空间控制式探测器。

① 点控制式探测器。其警戒范围可视为一个点，当这个点的警戒状态被破坏时，即发出报警信号，如磁开关探测器。

② 线控制式探测器。其警戒范围是一条线，当这条线的警戒状态被破坏时，即发出报警信号，如激光探测器。

③ 面控制式探测器。其警戒范围是一个面，当这个警戒面上任一点警戒被破坏时，即发出报警信号，如振动探测器。

④ 空间控制式探测器。其警戒范围是一个空间，当这个空间中任意一处的警戒状态被破坏时，即发出报警信号，如被动红外探测器。

（4）按信道划分

按探测信号传输的信道划分，可将探测器分为有线探测器和无线探测器。探测器和报警控制器之间采用有线方式连接的为有线探测器，采用无线电波传输报警信号的为无线探测器。

（5）按应用场合划分

按应用场合划分，可将探测器分为室内探测器和室外探测器。就同一类型的探测器而言，用于室外的要比用于室内的技术指标高得多，这是因为室外的环境条件较室内恶劣得多。

5.2.4 报警器、报警系统的主要技术指标

如前所述报警器由探测器、信道和报警探测器 3 部分组成，因此，报警器的性能指标就必须先考虑这 3 部分。另外，设备连接的可靠程度、设备受环境因素的影响，均是设备能否发挥正常功能的关键，所以报警器（系统）的性能指标要从系统的角度综合考虑设备指标以及它们的相关性和协调性。

（1）探测范围

探测范围即探测器所防范的区域，又称工作范围。点探测器的工作范围是一个点；线探测器的工作范围是一条线；面探测器的工作范围是一个面。探测器的工作范围是一个立体空间，目前主要有两种形式的空间探测器：一种是工作范围充满整个防范空间，如声波探测器等；别一种是不能充满整个防范空间的探测器，这种探测器的工作范围常用最大工作距离、

水平角和垂直角表示，如微波/被动红外双技术探测器、微波多普勒探测器等。

探测器的工作范围与系统的工作范围有时会不一样，因为电压的波动、系统的使用环境以及使用年限等都可能对探测器的探测范围产生影响。有些探测器的探测范围是可以适当调节的。

（2）灵敏度

探测灵敏度是指探测器对入侵信号的响应能力。主动红外探测器，其设计的最短遮光时间（灵敏度）多是 40～700ms，在墙上端使用时，一般是将最短遮光时间调至 700ms 附近，以减少误报警；当其红外光束构成电子篱笆时，就应将最短遮光时间调至 40ms，即灵敏度最高状态。在实际系统中灵敏度也会受设备使用年限、环境因素、电压波动等的影响。

（3）可靠性

① 平均无故障工作时间。某类产品出现两次故障时间间隔的平均值，称为平均无故障工作时间。按国家标准《入侵探测器第 1 部分：通用要求》GB10408.1—2000 规定，在正常工作条件下探测器设计的平均无故障工作时间至少为 60 000h；《防盗报警控制器通用技术条件》GB12663－2001 规定，在正常条件下防盗报警控制器平均无故障工作时间不得低于 5000h。

质量合格的产品在平均无故障工作时间内其功能、指标一般都是比较稳定的，如果工作年限超过了平均无故障工作时间，其故障率以及各项功能指标将无法保证。

② 探测率、漏报率和误报率。在实际工作中人们往往用探测率、漏报率和误报率来衡量报警器或报警系统的可靠性。

探测率指出现危险情况而报警的次数与出现危险情况总数的比值，用下式表示：

$$探测率 = \frac{因出现危险情况而报警次数}{出现危险情况总数} \times 100\%$$

漏报率指出现危险情况而未报警的次数与出现危险情况总数的比值，用下式表示：

$$漏报率 = \frac{因出现危险情况而未报警次数}{出现危险情况总数} \times 100\%$$

可见，探测率与漏报率之和为 1。这就是说漏报率越低，探测率就越高。

《安全防范工程技术规范》GB50348－2004 将误报警定义为：由于意外触动手动报警装置、自动报警装置对未设计的报警状态做出响应、部件的错误动作或损坏、人为的误操作等。

误报率是误报警次数与报警总数的比值，用下式表示：

$$误报率 = \frac{误报警次数}{报警总数} \times 100\%$$

（4）防破坏保护要求

入侵探测器及报警控制器应装有防拆开关，当打开外壳时应输出报警信号或故障报警信号。当系统的信号线路发生断路、短路或并接其他负载时，应发出报警信号或故障报警信号。

（5）供电及备用电要求

入侵报警系统宜采用集中供电方式，探测器优选 12V 直流电源。当电源电压在额定值 ±10%范围内变化时，入侵探测器及报警控制器均应能正常工作，且性能指标符合要求。使用效应电源供电的系统应根据相应标准和实际需要配有备用电源，当交流电源断电时应能自动切换到备用电源供电，交流电恢复后又可以对备用电源充电。

（6）稳定性与耐久性要求

入侵报警系统在正常气候环境下，连续工作 7 天，其灵敏度和探测范围的变化不应超过 10%。

入侵报警系统在额定电压和额定负载电流下进行警戒、报警和复位，循环 6000 次，应无电的或机械的故障，也不应有器件损坏或触点粘连现象。

5.3 主动型红外小区周界入侵报警系统

5.3.1 系统简介

周界报警系统顾名思义就是通过红外线对射器对公司周围及一些重场所进行电子网管制系统，它是为了能时时而高效地对指定区域进行有效防范的基础上发展而来的。

周界报警系统是新型现代化安全管理系统，它集自动识别技术、光学和现代安全管理措施为一体，它涉及电子、机械、光学、计算机技术、通信技术等诸多新技术。它是实现安全防范管理的有效措施。周界报警系统适用各种机要部门，如银行、宾馆、机房、军械库、学校、办公室、智能化小区、工厂等。

在数字技术、网络技术飞速发展的今天，周界报警技术得到了迅猛的发展。周界报警系统早已超越了单纯的防犯原理，它已经逐渐发展为一套完整的信息管理系统，它在环境安全、行政管理工作中发挥着巨大的作用。

5.3.2 系统功能

（1）主动红外报警器工作原理

在需要防范的区域安装好探测器之后，如果有盗贼进入防范区域，发射器发出的红外线会被阻断，接收器接收不到红外线就会立即发射经数字编码的报警信号，该信号由报警器接收后，立即发出刺耳的警报声，惊吓盗贼，提醒主人，主人可根据红外线报警器面板上的报警提示灯，明确报警地点，前往抓拿盗贼。

（2）主动红外线报警器性能用途

红外线报警器采用集成电路，调频传送报警信号，晶体稳频，具有探测灵敏、报警准确可靠、安装简单的特点，它被广泛用于工厂、小区、家庭、别墅、银行、商场、仓库等地方，是防盗报警的最有效装置。

5.3.3 系统组成

入侵报警控制主机接收入侵探测器发出的报警信号，发出声光报警并能指示入侵报警发生的部位，同时通过通信网将警情发送到报警中心。声光报警信号应能保持到手动复位，如果再有入侵报警信号输入时，应能重新发出声光报警信号。入侵报警控制主机有防破坏功能，当连接入侵探测器和控制主机的传输线发生断路、短路或并接其他负载时应能发出声光报警故障信号。

入侵报警控制主机能向与该机接口的全部探测器提供直流工作电压，当入侵探测器过多、过远时，也可单独向探测器供电。入侵报警控制主机必须配后备电源（蓄电池），备用电池的容量应能满足系统（包括所有的探测器）连续工作 24h 以上的要求。

入侵报警系统由前端设备、传输系统、管理中心 3 部分组成。

① 前端设备是探测信息的装置，即报警探测器，它分为被动红外入侵探测器和红外对摄器探测器两大类。其中，红外对摄探测器采用多束光工作方式，能充分区分大物体与小物体，大大降低了误报率。

② 传输系统则由若干线缆组成。

③ 报警主机、联动模块、报警灯联合一台电脑服务器构成管理中心。

探测器将感应得来的信息通过线缆传输给主机，传输信息数据后，立即传给报警灯，发出声响。

管理中心通过报警主机收取报警灯发出的信号，并在电子地图上迅速查询相应地址，分析情况，做出反应。

功能描述如图 5-4 所示。

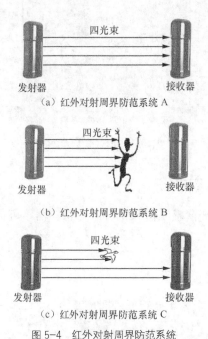

（a）红外对射周界防范系统 A

（b）红外对射周界防范系统 B

（c）红外对射周界防范系统 C

图 5-4　红外对射周界防范系统

5.4　家用窗户入侵报警系统

5.4.1　传统铁艺护窗

铁艺护窗（见图 5-5）是现在应用最多的窗户防盗产品，由于发展早，占有绝大部分的市场份额。它属于一种传统的实体防护产品，对延迟盗贼由窗户进入室内有一定的效果，但也存在诸多问题。在楼房上安装这种护窗，由于住户是否安装，以及产品选择不同，导致外观相当不美观。就防盗效果来说，也不是很理想。

图 5-5　传统铁艺护窗

5.4.2 红外对射护窗

红外对射护窗（见图 5-6）是新一代防范入侵探测器，是智能家居的隐形防盗网。该类产品利用不可见红外光对射原理，在投光器和受光器之间形成一个肉眼看不见的多束红外光栅组成的防范护栏，只要相邻两束红外光线被遮挡，立即产生报警信号并自动向外发送警报，实现安防警戒的目的。

图 5-6　红外对射式护窗

5.4.3 开窗－压力感应报警

本设计分为两部分，即开窗感应器和窗台压力感应器，可在普通的铝合金窗或塑钢窗的基础上稍加改进而实现。

（1）开窗感应器

开窗感应器基本结构如图 5-7 所示。

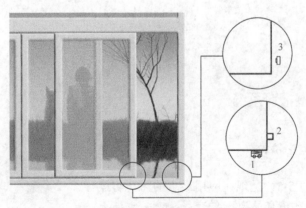

1—弹簧滚轮　2—撞针　3—开关

图 5-7　开窗感应器

① 弹簧滚轮。弹簧滚轮在这里有两个作用，一是方便窗户的移动，二是作为一个重力感应器，能感受窗户的重量。

② 撞针。当窗户关闭时，撞针与开关接触，产生一个关窗信号。

③ 开关。开关与控制电路相连，用闭合或断开来反映窗户的关或开。

（2）窗台压力感应器

在外窗台上放置一个电阻应变式压力传感器。之所以用电阻应变式压力传感器，是因为该传感器可以做成纸状，铺在外窗台上，外面可以贴上一张木纹纸，美观实用。住户在室内仍然可以站在内窗台上擦窗户等，不会误报警。

（3）报警原理

报警器局部电路如图 5-8 所示。

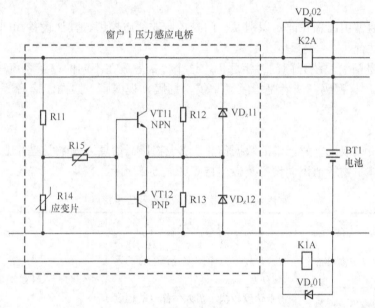

图 5-8　报警器局部电路

当入侵者站在窗台上破坏窗户时，应变片 R14 受压增加，电阻升高，导致 R14 上压降升高，与 R13 之间产生电位差，从而使三极管 VT11 处于放大状态，进而使得继电器 K2A 的线圈有电流通过，继电器动作，电路处于装备状态。当窗户被打开或玻璃被打碎时，开窗感应器将开窗信号送入电路，产生声光报警。

如果入侵者想要破坏本装置，有两种可能。第一种是破坏应变片，使其断开。这种情况下，报警器仍会像上面那样产生声光报警。第二种是用导线将两枚针连接起来，扎在应变片上，使应变片电阻降低。这时三极管 VT12 就发挥作用了，与 VT11 原理相同，它使得继电器 K1A 动作，保证报警的发生。

电阻应变式压力感应器精度要求很低，只需判断外窗台上是否有人就行了。达到使用年限后只需要撕掉后重贴即可，维护十分方便。

本设计具有防破坏功能，结构简单，故障率低，成本低廉，维护方便。

5.5　门禁系统

作为一种新型现代化安全管理系统，门禁系统集自动识别技术和现代安全管理措施为一体，涉及电子、机械、光学、计算机技术、通信技术、生物技术等诸多新技术。门禁系统在建筑物内的主要管理区、出/入口、电梯厅、设备控制中心机房、贵重物品的库房等重要部位的通道口安装门磁、电控锁或控制器、读卡器等控制装置，由管理人员在中心控制室监控，能够对各通道口的位置、通行对象及通行时间、方向等进行实时控制或设定程序控制，从而实现对出/入口的安全控制。门禁系统使任何人在任何时间段内通过任何出/入口进行事先设置、实时监视和事后检查成为现实。它能对所有人员的出入事件进行详细的记录，并有丰富的扩展功能。

5.5.1 门禁系统的组成

门禁系统通常由出入凭证、识别仪、门禁控制器、电控锁、其他设备和门禁软件组成。

（1）出入凭证

出入凭证是门禁系统开门的"钥匙"，这个"钥匙"在不同的门禁系统中可以是磁卡、IC 卡等各种卡片、密码，或者是指纹、掌纹、虹膜、视网膜、脸面、声音等各种人体生物特征。

（2）识别仪

识别仪负责读取出入凭证中的数据信息（或生物特征信息），并将这些信息传输到门禁控制器。常用人体生物特征识读设备及应用特点如表 5-2 所示。

表 5-2　　　　　　　　　　常用人体生物特征识读设备及应用特点

序号	名称	主要特点	
1	指纹识读设备	指纹头设备易于小型化；识别速度很快，使用方便；需人体配合的程度较高	操作时需人体接触识读设备
2	掌形识读设备	识别速度较快；需人体配合的程度较高	
3	虹膜识读设备	虹膜被损伤、修饰的可能性很小，也不易留下被可能复制的痕迹；需人体配合的程度很高；需要培训才能使用	操作时不需人体接触识读设备
4	面部识读设备	需人体配合的程度较低，易用性好，适于隐蔽地进行面像采集、对比	

（3）门禁控制器

门禁控制器是门禁系统的核心部分，相当于计算机的 CPU，负责整个系统输入/输出信息的处理、储存、控制等。它验证识别仪输入信息的可靠性，并根据出入法则和管理规则判断其有效性，若有效则对执行部件发出动作信号。

（4）电控锁

电控锁是门禁系统中的执行部件。根据门的材料、出门要求等不同，可选取不同的锁具。电控锁主要有以下几种类型。

① 电磁锁：电磁锁属断电开门型锁具，适用于单向的木门、玻璃门、防火门、对开的电动门。

② 阳极锁：阳极锁属于断电开门型锁具，适用于双向的木门、玻璃门、防火门，它本身带有门磁检测器，可随时检测门的安全状态。

③ 阴极锁：一般的阴极锁属于通电开门型锁具，适用于单向木门。因为停电时阴极锁是锁门的，所以安装阴极锁一定要配备 UPS 电源。

（5）其他设备

其他设备包括对出门无限制的情况下安装在门内侧的出门按钮，检测门的开/关状态的门磁，负责对整个门禁系统供电的电源等部分。

（6）门禁软件

门禁软件负责门禁系统的监控、管理、查询等工作，监控人员通过门禁软件可对出/入口的状态、门禁控制器的工作状态进行监控管理，并可扩展完成巡更、考勤、人员定位等功能。

简单的系统信号框图如图 5-9 所示。

图 5-9　简单的系统信号框图

在图 5-9 中，出入人员首先在前端输入设备上进行身份识别，如通过按键输入密码、在读卡器上划卡或出示指纹、掌纹等生物特征。识别设备再将读到的信息送到控制器，由控制器根据系统所存储的数据进行比较处理，发出各种控制命令：对合法出入，控制自动开门器开门；对非法出入，发出报警信号（或与其他报警监控系统联动）。每一次的出入都作为一个事件存储起来，以便进行处理或有选择地输出。对系统参数、人员授权的设置，可通过控制器系统主机实现。

5.5.2　门禁系统的工作原理

门禁系统应用自动识别技术，对进出人员的出入凭证与门的锁具开闭实现逻辑控制关系。根据出入凭证与识别方式，目前门禁系统工作方式可分为密码识别方式、卡片识别方式和生物识别方式 3 种。

（1）密码识别方式的门禁系统原理

这种门禁系统通过检验输入密码是否正确来识别进出权限，在系统前端有一个键盘，门禁控制器中存储有主管码、主用码、客户码 3 类密码。不同类型的密码有不同的权限。使用者在进门前需要从键盘上输入密码，门禁控制器通过对键盘传输来的密码与存储的密码比较后判断是否开门。这种方式的门禁系统操作方便，无须携带卡片，成本低，但同时也存在着只能容纳 3 组密码、密码容易泄露、没有进出记录、只能单向控制等明显的缺陷。

（2）卡片识别方式的门禁系统原理

卡片识别方式的门禁系统通过读卡或读卡加密码方式来管理进出权限。这种门禁系统的出入凭证为各类卡片（包括磁卡、接触式 IC 卡、非接触式 IC 卡等），识别仪为相应的读卡器。

磁卡是在符合国际标准的非磁性基片上用树脂粘贴磁条，贴在磁卡背面的磁条是一层薄薄的由定向排列的铁性氧化粒子组成的材料。在磁卡插入读卡器中时，读卡器将读出的磁条中的信息送入门禁控制器，门禁控制器根据出入法则进行判断、执行、事件记录等功能。磁卡门禁系统成本较低，一人一卡，使用方便，可联微机，可记录开门事件，但磁卡与读卡器之间有磨损，寿命较短，而且磁卡容易被复制，卡内的信息容易因外界磁场而丢失，使卡片无效，因此安全性一般。

接触式 IC 卡是将一个集成电路芯片镶嵌于塑料基片中，封装成卡的形式，其外形与覆盖磁条的磁卡相似。卡片内没有电源，但有存储器，可记录卡片号码、发行商信息，也可记录持卡人的信息。由于 IC 卡不会被磁化，不易复制，因此这种门禁系统的安全性高于磁卡门禁系统。

非接触式 IC 卡又称为射频卡，与接触式 IC 卡相似，卡内没有电源，有存储器，但非接触式 IC 卡表面没有触点，而是在卡片内增加了一个电感线圈。使用者在进门前将卡片靠近读卡器，电感线圈在读卡器内发射装置的激励下产生微弱电流，保证卡内芯片工作，并以电磁方式将信息返回给读卡器。这种门禁系统的卡片与读写设备之间无接触，开门方便安全，使用寿命长，可联微机，有开门记录，可以实现双向控制，卡片很难被复制，安全性高，是今后门禁系统的发展方向之一。

（3）生物识别方式的门禁系统原理

生物识别方式的门禁系统是通过检验人体生物特征的方式来识别控制进出。研究表明，人的指纹、掌纹、面孔、发音、虹膜、视网膜、骨架等都具有唯一性和稳定性的特征，即每个人的这些特征都与别人不同、且终身不变，因此可据此识别出人的身份。基于这些特征，出现了指纹识别、面部识别、发音识别等多种生物识别技术。

（4）掌静脉识别技术

现今主流的生物识别安全防范技术当属指纹锁。这项技术已经得到广泛应用，笔记本电脑上的指纹识别装置就是明显的例子。除指纹识别外，还有眼纹（视网膜)识别技术，但都只是局部特征识别技术。近年出现的静脉纹路识别将生物识别技术带入了一个全新的天地。作为静脉纹路识别技术的主导厂商，富士通在安全鉴别技术上经过多年钻研，取得了令人瞩目的成果，推出了新一代手掌静脉识别装置 PalmSecure。图 5-10 所示为 PalmSecure 的实物图。

图 5-10　PalmSecure 手掌静脉识别装置

手掌静脉识别的对象是人手掌部位的静脉纹路。静脉纹路和指纹一样，是每个人所独有的，而且世界上两个人静脉纹路相似的概率大大低于指纹相似率，更不用说重复率了。静脉识别和指纹识别在过程上类似，但先进性和安全性更高。富士通手掌静脉识别装置 PalmSecure 是在极度精密的系统下进行识别，它使用近红外线感应器取得手掌静脉分布图，进而通过计算机存储，建立个人的手掌静脉数据库（甚至可以是特殊部位的静脉数据)，并进行管理。

　　尽管指纹识别技术发展到了相当高的水准，但鉴于被识别对象的限制和识别方式的单一，指纹识别技术和装置先天存在着很大的不足。首先，指纹识别装置对于被识别对象没有一个安全鉴别大前提上的界定。只要被识别对象的纹路符合识别规则，那么便被识别装置判断为正确，识别过程即告完成。因此，被识别对象的可仿造程度很高，可以是贴有正确纹路的人造手指或真人手指，也可以是伪造好纹路的各种无生命载体。手掌静脉识别装置的关键在于"活体识别"，也就是说被识别对象必须是活着的人，才能达到"可识别"的第一步。经过多年的发展，最新的手掌静脉识别装置已经能做到对活体识别的准确界定。

　　由于活人存在体表温度和血液循环，所以能达到"活体识别"的判断标准。随着技术的发展，静脉识别装置已经脱离了单纯依靠生命体表温度的感应进行判断的方式，更高端的产品在先进的感应技术帮助下，甚至可以对静脉的血液流速进行模糊判断。如果被识别者高度紧张，造成局部血管收缩，静脉塌陷，加上手掌、手腕远离心脏，静脉血流趋于缓慢，会造成识别失败。

　　其次，由于低安全性指纹识别装置采用"多点对照"规则，不必验证指纹整体，只通过多个部位的纹理特征对照便可完成识别过程，别有用心的人可轻易伪造多点特征以欺骗识别装置。这一点在静脉识别装置上完全行不通。伪造的被识别物体不具备生命特征，已经不被静脉识别装置接受，就算通过了"活体识别"，由于静脉纹路的特征复杂性大大高于指纹，也无法在相应时间内完成对所有纹路特征的识别。

　　基于以上原理，静脉识别装置的高端产品可应用在大型政务领域，如国家安全机构，政府机关、大型企事业单位的资料室和档案库等地点的安全防范系统；财务、金融领域内，可用于电算化财务室、银行金融保险系统，并获得很高的采信度。

　　第三，使用环境中，就识别条件而言，静脉识别比指纹识别存在更强的适应性。如因为事故损失了指纹的伤患，无法通过鉴别指纹确认身份，可通过特殊部位的静脉纹路识别进行身份判断。在档案鉴别、比对方面，联网式装置可应用于卫生领域，将医院病人的病历数据与手掌静脉的数据相关联。在无法辨识病人身份时，通过手掌静脉的数据进行核实，再通过医院之间的共享数据库，可在极短时间内辨识病人身份，直接取得病历，减少琐碎检查步骤，第一时间进行抢救。

5.5.3　门禁系统的功能

（1）对通道进出权限的管理

对通道进出权限的管理主要有以下几个方面。

① 进出通道的权限：就是对每个通道设置哪些人可以进出，哪些人不能进出。

② 进出通道的方式：就是对可以进出该通道的人进行进出方式的授权，进出方式通常有密码、读卡（生物识别）、读卡（生物识别）+密码 3 种方式。

③ 进出通道的时段：就是设置可以进出该通道的人在什么时间范围内可以进出。

（2）实时监控功能

系统管理人员可以通过微机实时查看每个门区人员的进出情况（同时有照片显示）、每个门区的状态（包括门的开关，各种非正常状态报警等）；也可以在紧急状态打开或关闭所有的门区。

（3）出入记录查询功能

系统可储存进出记录、状态记录，可按不同的查询条件查询，配备相应软件可实现门禁、巡更、考勤一卡通。

（4）异常报警功能

在异常情况下（如非法侵入、门超时未关等）可以实现微机报警或报警器报警。此外，根据系统的不同，门禁系统还可以实现以下一些特殊功能。

① 防尾随功能。进入的人员必须依照预先设定好的路线进出，并且必须关上前一个进出的门才能进出下一个通道门。此项功能可以防止别人尾随进入。

② 消防报警、监控联动功能。在出现火警时，门禁系统可以自动打开所有门锁，让里面的人员随时逃生。与监控联动是指监控系统在有人进出时（有效/无效）自动记录当时的情况，同时也将门禁系统出现警报时的情况记录下来。

③ 网络设置管理监控功能。多数门禁系统只能用一台微机管理，技术先进的门禁系统则可以在网络上任何一个授权的位置对整个系统进行设置、监控、查询、管理。

④ 逻辑开门功能。逻辑开门是指同一个门需要几个被授权的人员同时验证出入凭证才能打开门锁。这项功能适用于一些非常重要的，需要多人同时在场才可开门的场合。

5.5.4 楼宇门禁

楼宇可视对讲监控系统是近些年开始广受住宅小区物业管理部门重视的一种闭路电视监控应用系统。这一应用系统一般只有一个或几个前端摄像机，但却有十几个或几十个终端监视器，用户在家中的监视器屏幕上既可以看到来访客人的相貌仪容，又可以与客人对话并遥控打开电磁锁。除了基本的视频总线传输、声音对讲及遥控开锁功能外，有些楼宇可视对讲监控系统还具有反向数据回传功能，可以将住户室内的防盗、火灾、煤气及紧急报警信号回传至警卫室。

5.6 楼宇可视对讲系统

楼宇可视对讲系统的智能化与物业小区的建设紧密相关，它提供了住户保安人员及来访客人之间声音及图像的沟通，并可实现访客、住房及保安人员之间的相互呼叫及三方通话。系统的主要功能是：当来客在楼宇门口呼叫某一住户时，被呼叫的住户即可通过设于楼宇门口的摄像机在自家的监视器上看到来访客人的面孔，而其他住户则无法听到被访住户与其客人的对话，也无法看到来访客人的图像，它体现了楼宇可视对讲系统的保密性；平时，住户也可以按下室内机上的监视按钮并通过室内机的监视器察看楼宇外的情况（通常限时 30s），如有突发事件发生，住户还可以按下室内机上的呼叫按键紧急呼叫值班室或管理中心；门口摄像机大都选用配有 3.6mm 微型镜头的微型摄像机，这种摄像机一般还自带 6～8 个红外发光二极管，分列于镜头的两侧，当夜晚户外无可见光照明时，这些红外发光管发出的红外光能照射到 2～3m 的范围，使摄像机将来访者的面貌清晰地反映在室内机监视器的屏幕上。

根据住宅用户多少的不同，楼宇可视对讲系统又分为直接按键式和数字编码按键式两种系统，其中前者主要适用于普通住宅楼用户，后者既适用于普通住宅楼用户，又适用于高层住宅楼用户。楼宇对接系统的拓扑图如图 5-11 所示。

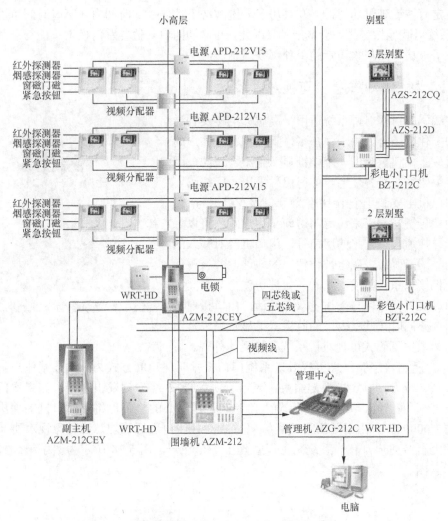

图 5-11 楼宇对接系统的拓扑图

5.6.1 直接按键式楼宇可视对讲系统

直接按键式可视对讲系统的门口机上有多个按键,分别对应于楼宇和每一个住户,因此这种系统的容量不大,一般不超过30 户。其室内机由监视器、对讲手柄(含送话器及受话器)及监视按钮、呼叫(报警)按钮、开锁按钮等部件组成,如图 5.12所示。

由图 5-12 可见,门口机上具有多个按键,每一个按键分别对应一个住户的房门号,当来访客人按下标有被访住户房门号的按键时,被访住户即可在其室内机的监视器上看到来访者的面貌,同时还可以拿起对讲机与来访者通话,若按下开锁按钮,就可以打开楼宇大门口的电磁锁。由于此门口机为多户共用式,因此,住户的每一次使用时间必须限定,通常是每次使用限时 30s。门

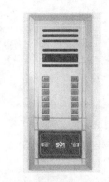

图 5-12 直接按键式楼宇
可视对讲系统门口机

口机上设定有按键延时功能，当在某房门号键被按下后的 30s 时间内（延时时间可以在内部设定），系统对其他按键是不会响应的，因此，在此期间内其他各室内机均不能与系统总线连接，保证了被访住户与来访者的单独可视通话。

5.6.2　数字编码式楼宇可视对讲系统

数字编码式可视对讲系统适用于高层住宅楼及普通住宅楼的多住户场合。由于住户多，直接将每一住户的房门号对应于门口机上的一个按键显然是不合适的，因此，数字编码系统将各住宅户的房门号采用数字编码，即在其门口机上安装一个由 10 位数字键及"#"键与"*"键组成的拨号键盘。当来访者需访问某住户时，可以像拨电话一样拨通被访住户的房门号，门口机经对输入的 4 位房门号码译码后，确定被访住户的地址，并将该住户的室内机接入系统总线，此时，如被访住户拿起其室内机上的对讲手柄即可与来访者双向通话，门口摄像机摄取的图像亦同时在其室内机的监视器上显示出来。图 5-13 所示为数字编码式可视对讲系统门口机的外观。

图 5-13　数字编码式可视对讲系统门口机

　　图 5-13 所示数字编码式可视对讲系统门口机呼叫住户的方式为：先按某住户房门号的数字键（共 4 位），并以"#"键结束，显示无误后再按"#"键发出呼叫。如果房门号输入错误，按"*"键清除，并重新开始输入。呼叫管理中心的号码也将在门口机的使用说明上标明，如"0000#"。由于采用了数字编码方式对各住户进行管理，这种可视对讲系统一般都可管理上百个住户，有些系统则可以管理上千个住户。图 5-14 所示为数字编码式可视对讲系统示意图。

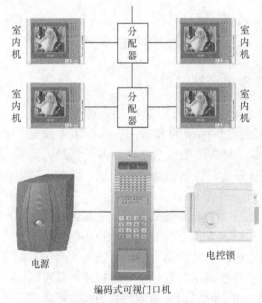

图 5-14　数字编码可视对讲系统的连接图

5.6.3　楼宇门禁系统开门规则

本设计中的楼宇门禁系统开门规则如下。

① 当住户进门时，直接刷自己的射频卡开门。

② 当访客来访时，先刷临时卡，激活编码式门口机，再按被访住户的编码号，与住户对讲。经住户确认后，住户在家里遥控电控锁打开，让访客进入楼房。

③ 常客具有进入相应楼房的权限，进门时可直接刷卡。

④ 其他楼门的住户来串门时，也应先刷自己的射频卡，激活编码式门口机，再按被访住户的编码号，与住房对讲。经住房确认后，住户在家里遥控电控锁打开，让其他楼门的住户进入。

5.7　视频监控系统

视频监控在安全防范中的地位和作用日益突出，这是因为图像（视频信号）本身具有信息量大的特点，它通观全局、一目了然，判断事件具有极高的准确性。因此，安全防范必有视频监控。从早期安全防范系统把它作为一种报警复核手段，到充分发挥它实时监控的作用，成为安全防范系统技术集成的核心，并不断地开发其所具有的探测功能，成为未来安防系统的主导技术，视频监控系统已成为安全防范体系中不可或缺的重要部分。视频技术已成为拉动安防技术进步的关键。

5.7.1　视频监控技术的特点

通常说"百闻不如一见"，它表明视频（图像）系统"信息量大"，这只是一个笼统的概念。图像比声音、文字、图片等信息系统最突出的特点是它所载有信息的完整性和真实性，这是信息量大的真正含义。视频监控技术有以下主要特点。

① 视频监控本身是一种主动的探测手段，它不同于一般光强探测的方式（物理量探测），是一种直接对目标的探测（尽管目前大多场合还不是自动的探测），同时，它可以把多个探测结果关联起来，进行准确的判断，因此，是实时动态监控的最佳手段。采用图像技术可以实现安全防范系统的全部要素（探测、系统监控、周界和出入管理）。

② 视频监控技术是其他技术系统有效的辅助手段，如防入侵报警系统的复核手段。在早期的安防系统中，电视监控的作用就是报警复核，由于成本高，只能在高安全要求的部位采用。现在它已是各种技术系统（报警、特征识别、建筑环境监控等）普遍采用的辅助技术。它实时、真实、直观的信息又是指挥系统决策的主要依据。

③ 信息的记录和存储是安防系统的基本功能要求，而视频监控技术真正的价值所在是记录信息的完整和真实。视频监控系统所记录的信息是安防系统中最完整和真实的内容，是可以作为证据和为事后的调查提供依据的东西。这是其他技术系统做不到的。它不仅可以记录事件发生时的状态，还可以记录事件发展的过程和处置的结果，为改进系统提供有意义的参考。

④ 视频监控系统可以和安全防范系统外的技术系统实现资源共享，成为其他自动化系统的一部分，如消防、楼宇管理等。安全防范系统可以与建筑自动化系统实现资源共享的只有

电视监控。出入口系统可以和其他管理系统实现资源共享，但由于安全要求上的巨大差别，共享程度有限，面且效果也不太好。

⑤ 视频监控是安全防范系统技术集成、功能集成的核心。集成是建筑智能化的基本要求，安防系统也是如此。通常，实现系统集成的最佳途径是，以一个子系统为核心进行功能的扩展，实现与其他子系统的功能联动，以视频监控系统的中心设备（如视频矩阵）为核心，实现与其他子系统（入侵探测和出入口控制）的功能联动，如图像切换、启动联动装置，并建立一个综合的人机交互界面。这是目前安全防范系统集成的最常用和最成熟的方式。以其他子系统为核心，也可以实现安全防范系统的技术、功能集成，但是，在系统图像处理上的开销，使得它们都不如前者合理、经济。

⑥ 视频监控是对安全防范区域的日常业务工作影响最小的技术系统。安防系统的运行与正常的业务工作交织在一起，处理不当会互相干扰，如入侵探测系统的布/撤防、出入口控制系统的身份识别等对日常出入有影响。视频监控系统由于其被动的工作方式，是一种对日常业务影响最小的系统。

正是由于这些特点，视频监控系统成为人们最乐于采用、功能最有效的技术手段。

5.7.2 视频监控技术在安全防范系统中的应用

视频监控技术在安全防范系统的应用模式基本上是相同的，但应用的目的则很广泛，这也导致了具体技术细节上的差别。视频监控主要的应用领域有如下 6 个方面。

（1）防范区域的实时监控

对防范区域实行实时监控是视频监控最普遍的应用，如建筑物的安全监控、监所监控、道路监控及重大和重要单位的安全监控等。社会上大量的安全防范系统的电视监控也主要是实时监控方式。

（2）探测信息的复核

高风险单位（文博、金融等）及社区、商业部门的防盗防抢系统许多是以入侵探测和出入口管理为主的，这些系统不产生可视的信息。由于技术的局限性和环境的影响，系统的探测信息大量是虚假的，通过图像技术进行真实性评价是非常必要的，它是降低系统误报警率的有效手段。

（3）图像信息的记录

安全防范系统要具有信息记录功能，建筑智能化系统也有这个要求。目前，大多数系统都采用记录图像信息的方式。有些安全防范系统的主要功能就是记录图像信息，如银行营业场所的柜员机监控和一些高保密部位生产过程监控等。由于记录设备的能力限制，通常重放的记录图像要比实时观察的图像差，因此在设计要求和设备选择时就与实时监控有所不同。

（4）指挥决策系统

安全防范系统有时要求具有应急反应能力，在反应行动时，系统的控制中心将成为指挥中心，图像信息将是指挥决策的重要依据，是主要的技术系统。它包括独立的视频监控系统，通过共享对其他系统图像资源的调用和移动图像系统，获得现场图像作为指挥决策的重要依据。

（5）视频探测

开发视频系统的探测功能是安全防范技术的一大方向，现在也有了一些初步的应用，利用较低技术进行各种生物特征识别也是一种探测方式，目前也有了一些实用系统，但由于受到应用环境的限制，还不普遍。今后以视频技术作为探测手段的系统通过实际应用会越来越成熟。

（6）安全管理

安全管理主要是利用远程监控实现远距离、大范围的视频监控系统，对岗位、哨位及安全系统自身进行有效的监控。好的安全管理系统会极大地提高安全防范系统的效能。

由于视频技术在功能和技术上的优势，其在安全系统、建筑智能化系统中的应用必然会不断地扩展和创新。

5.7.3　摄像机的选择和主要参数

闭路监控系统中，摄像机又称摄像头或 CCD（Charge Coupled Device）即电荷耦合器件。严格来说，摄像机是摄像头和镜头的总称，而实际上，摄像头与镜头大部分是分开购买的，用户根据目标物体的大小和摄像头与物体的距离，通过计算得到镜头的焦距，所以每个用户需要的镜头都是依据实际情况而定的。

摄像头的主要传感部件是 CCD，它具有灵敏度高、畸变小、寿命长、抗震动、抗磁场、体积小、无残影等特点。CCD 能够将光线变为电荷并可将电荷储存及转移，也可将储存之电荷取出使电压发生变化，因此是理想的摄像元件，是代替摄像管传感器的新型器件。

CCD 的工作原理是：被摄物体反射光线，传播到镜头，经镜头聚焦到 CCD 芯片上，CCD根据光的强弱积聚相应的电荷，经周期性放电，产生表示一幅幅画面的电信号，经过滤波、放大处理，通过摄像头的输出端子输出一个标准的复合视频信号。这个标准的视频信号同家用的录像机、VCD 机、家用摄像机的视频输出是一样的，所以也可以录像或连接到电视机上观看。

5.7.4　楼内视频监控

在楼内住户家门边安装摄像机，目的是给住户被访时提供一个观察的窗口，并且让保安可以实时监控楼内发生的情况。楼内视频监控器采用 1/2 英寸的 CCD 芯片与 2.8mm 的广角镜头，水平视角达 98°，垂直视角通过计算为 81°。

与两个视频监控器一同使用的还有一个热感红外线探测器。任何物体因表面热度的不同，都会辐射出强弱不等的红外线。因物体的不同，其所辐射之红外线波长亦有差异。热感红外线探测器即用此方式来探测人体。当人体进入探测区域，稳定不变的热辐射被破坏，产生一个变化的热辐射，红外传感器接收后放大、处理，发出信号，使得视频监控器 A 与 B 所拍摄下来的视频信号被记录下来。这样设计的理由是楼道无人时，不用记录楼道里的视频信息，以节约存储设备的容量。

5.7.5　楼外视频监控

通常来说，楼间距为楼高的 2/3，层高约为 3m，所以，高层数为 X，楼高 V 可近似看作 3Xm，楼间距 L 可近似看作 2Xm。若采用 2.8mm 的镜头，将数据代入公式 $f' = v\dfrac{L}{V}$，便可算出 v 值。

$$v = f'\frac{V}{L} = 2.8 \times \frac{3X}{2X} = 4.2(\text{mm})$$

不能取小，所以必须取与 4.2mm 最接近的 4.8mm，应采用 1/2 英寸的 CCD 芯片。1/2 英寸的 CCD 芯片宽 h 为 6.4mm，在 2.8mm 广角镜头下摄像范围 H 为

$$H = \frac{hL}{f'} = \frac{6.4 \times 2X}{2.8} = 4.57X\,(\text{mm})$$

由上式可以看出，当建筑宽于 4.57Xm 时，应用两台摄像机，当建筑宽于 9.14Xm 时，应用 3 台摄像机。

5.8 视频安防监控系统工作模式

根据对视频图像信号处理/控制方式的不同，分为以下 4 种模式。

① 简单对应模式：监视器和摄像机简单对应，如图 5-15 所示。

② 时序切换模式：视频输出中至少有一路可进行视频图像的时序切换，如图 5-16 所示。

③ 矩阵切换模式：可以通过任一控制键盘，将任意一路前端视频输入信号切换到任意一路输出的监视器上，并可编制各种时序切换程序，如图 5-17 所示。

④ 数字视频网络虚拟交换/切换模式：数字视频的处理、控制和记录措施可以在前端、传输和显示的任何环节实施，如图 5-18 所示。

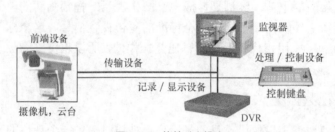

图 5-15　简单对应模式

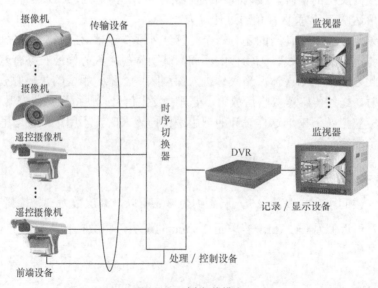

图 5-16　时序切换模式

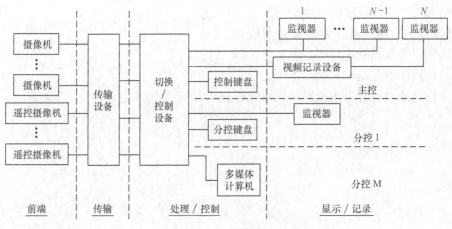

图 5-17　矩阵切换模式

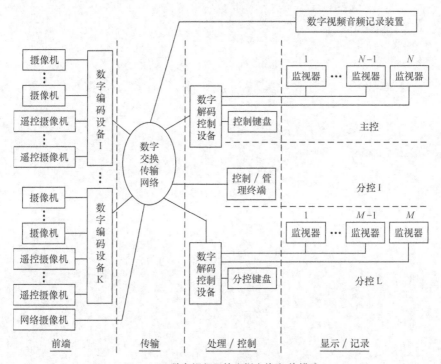

图 5-18　数字视频网络虚拟交换/切换模式

复习与思考题

1. 简述智能楼宇安全防范系统的组成及功能。
2. 出入口控制系统由哪些部分组成？具有哪些主要功能？
3. 防盗报警系统有哪些基本组成？

4．常用的探测报警器有哪些？

5．简述电子巡更系统的组成及功能。

6．闭路电视监控系统有哪些基本组成？

7．闭路电视监控系统有哪些主要设备？

8．简述闭路电视监控系统的工作过程。

9．电梯监控系统的组成及主要监控内容是什么？

第6章 智能楼宇的消防系统

6.1 火灾报警及消防联动控制系统

在智能楼宇中火灾报警及消防联动控制系统是建筑物自动化系统（BAS）中非常重要的一个子系统，其原因一方面是因为现代高层建筑的建筑面积大、人员密集、设备材料多，建筑上竖向孔洞多（电梯井、电缆井、空调及通风管等），使得引发火灾的可能性增大；另一方面是由于智能建筑比传统的建筑投资了较多技术先进、价格昂贵的设备和系统，一旦发生火灾事故，除了造成人员伤亡外，各种设备及建筑物遭受损害造成的损失也比一般建筑物严重得多。由此我们不难了解到，在火灾报警及消防联动控制系统中，火灾报警系统的重要性更加突出，火灾的发生在其初期阶段往往只是规模甚小而又易于扑灭的，但是由于火灾的初期阶段人们不易发觉或疏于防范，而使火灾蔓延，酿成灾难，这就对于系统的安全可靠性、技术先进性及网络结构、系统联网等方面提出了更新、更高的要求。图6-1所示为智能楼宇火灾报警的监控画面。

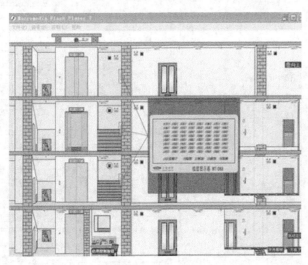

图6-1 智能楼宇火灾报警的监控画面

6.1.1 消防系统的组成

所谓消防系统主要由两大部分组成：一部分为感应机构，即火灾自动报警系统；另一部分为执行机构,即灭火及联动控制系统。

火灾自动报警系统由探测器、水动报警按扭、报警器、警报器等构成,以完成检测火情并及时报警之用。

灭火系统的灭火方式分为液体灭火和气体灭火两种,常用的为液体灭火方式,如目前国内经常使用的消火栓灭火系统和自动喷水灭火系统。无论哪种灭火方式,其作用都是接到火警信号后执行灭火任务。

联动系统有火灾事故照明及疏散指示标志、消防专用通信系统及防排烟设施等,均是为火灾下人员较好地疏散、减少伤亡所设。

综上所述,消防系统的主要功能是:自动捕捉火灾探测区域内火灾发生时的烟雾或热气,从而发出生光报警并控制自动灭火系统,同时联动其他设备的输出接点,控制事故照明及疏散标记、事故广播及通信、消防给水和防排烟设施,以实现监测、报警和灭火的自动化。

6.1.2 消防系统的分类

消防体系中的核心应该是火灾自动报警系统,它由火灾探测、报警控制和联动控制 3 部分组成,如图 6-2 所示。

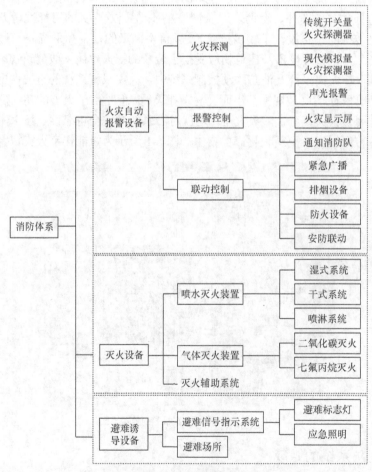

图 6-2 智能楼宇消防系统的分类

智能消防系统的功能应具备以下 3 个方面。

① 报警功能：当某区域出火灾时，该区域的火灾探测器探测到火灾信号，输入到区域报警控制器，再由集中报警控制器送到消防控制中心，控制中心判断了火灾的位置后立即向当地消防部队发出 119 火警。

② 自动灭火功能：在报警的同时打开自动喷洒装置、气体或液体灭火器进行自动灭火。

③ 避难引导功能：与此同时，紧急广播发出火灾报警广播，照明和避难引导灯亮，引导人员疏散。此外，还可起动防火门、防火阀、排烟门、卷闸、排烟风机等进行隔离和排烟等。

6.1.3　消防系统的工作原理

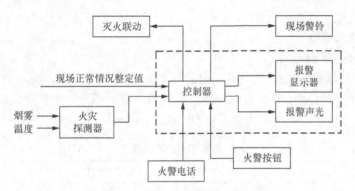

图 6-3　火灾自动报警系统原理框图

火灾自动报警系统的工作原理如图 6-3 所示。安装在保护区的探测器不断地向所监视的现场发出巡测信号，监视现场的烟雾浓度、温度等，并不断地反馈给报警控制器，控制器将接收的信号与内存的正常整定值比较、判断确定火灾。当火灾发生时，发出声光报警，显示烟雾浓度，显示火灾区域或楼层房号的地址编码，并打印报警时间、地址等。同时，向火灾现场发出警铃报警，在火灾发生楼层的上下相邻层或火灾区域的相邻区域也同时发出报警信号，以显示火灾区域。各应急疏散指示灯亮，指明疏散方向。

6.2　消防器件的介绍

图 6-4 所示为火灾自动报警系统的消防器件。

图 6-4　火灾自动报警系统的消防器件

6.2.1 探测器

一般说来，物质燃烧前往往是先产生烟雾，接着周围温度渐渐升高，同时产生一些可见光和不可见光。而物质由开始燃烧到火势渐大酿成火灾总是有个过程的。探测器的功能就是"捕捉"、"观查"物质刚刚开始燃烧时产生的"信号"。它把捕捉到的火灾信号转变为电信号，立即提供给报警控制器。由于场所的不同，燃烧物的不同，燃烧时产生的信号也不同。同样，在不同的场合需要不同的探测器。火灾探测器。主要有如下几种：

① 感温式火灾探测器；
② 感烟式火灾探测器；
③ 光电式火灾探测器；
④ 可燃气体探测器；
⑤ 复合式火灾探测器。

探测器种类的选择应根据探测区域内的环境条件、火灾特点、房间高度、安装场所的气流状况等，选用其所适宜类型的探测器或几种探测器的组合。各种探测器的类型如表 6-1 所示。

表 6-1　　　　　　　　　　　　　各种探测器的类型

感烟探测器	离子感烟型		
	光电感烟型	线 型	红外光束型
			激光型
		点 型	散射型
			逆光型
感烟探测器	线 型	差温 定温	管 型
			电缆型
			半导体型
	点 型	差 温 定 温 差定温	双金属型
			膜盒型
			易熔金属型
			半导体型
感光探测器型	紫外光型		
	红外光型		
可燃性气体探测器型	催化型		
	半导体型		
复合式火灾探测器型	感温感烟、感光感烟、感光感温等		

6.2.2 环境条件及安装场所探测器的类型确定

感烟探测器作为前期、早期报警是非常有效的。对火灾初期有阴燃阶段，产生大量的烟和少量的热，很少或没有火焰辐射的场所，应选择感烟探测器。

对于有强烈的火焰辐射而仅有少量烟和热产生的火灾，应选用光电探测器，但不宜在火焰出现前有浓烟扩散的场所及探测器的镜头易被污染、遮挡以及受电焊、X 射线等影响的场所中使用。

感温型探测器作为火灾形成早期（早期、中期）报警非常有效。因其工作稳定，不受非火灾烟雾气尘等干扰。凡无法应用感烟探测器、允许产生一定的物质损失、非爆炸性的场合都可采用感温型探测器。它特别适用于经常存在大量粉尘、烟雾、水蒸气的场所及相对湿度经常高于 95%的房间，但不宜用于有可能产生阴燃火的场所。

6.2.3 消火栓按钮

消火栓报警开关安装于消火栓内。当发生火灾使用消火栓灭火时，手动操作消火栓报警开关，可以向消防控制中心发出报警信号，同时启动有关消防设备。其线制为：报警功能二总线，由二进制拨码开关设置地址码，直接启泵功能四线制，包括启泵和点亮启泵指示灯各 2 根线。

6.3 火灾自动报警系统

6.3.1 由防火分区划分报警区域

根据《高层民用建筑设计防火规范》第 5.1 条规定，由于设置了自动灭火系统，每个防火分区允许的最大建筑面积为 $2000m^2$，而该综合楼的层面积约为 $1000m^2$，所以将该综合楼每层划分为一个防火分区。根据《火灾自动报警系统设计规范》第 4.1.1 条规定，可将该综合楼的每层划分为一个报警区域。

6.3.2 火灾探测区域的划分

将报警区域按探测火灾的部位划分的单元称为探测区域。探测区域可以是一只探测器所保护的区域，也可以是几只探测器共同保护的区域，但一个探测区域在控制器上只能占有一个报警部位号。

根据《火灾自动报警系统设计规范》第 4.2 条规定，探测区域应按独立房（套）间划分。一个探测区域的面积不宜超过 $500m^2$；从主要入口能看清其内部，且面积不超过 $1000m^2$ 的房间，也可划为一个探测区域。

敞开或封闭楼梯间；防烟楼梯间前室、消防电梯前室、消防电梯与防烟楼梯间合用的前室；走道、坡道、管道井、电缆隧道；建筑物闷顶、夹层等均单独划分探测区域。

结合以上规定和实际情况，将该综合楼的每个房间、楼梯间及其前室，每条走道均设为一个探测区域。

6.4 探测器的布置及其连线方式

6.4.1 探测器的布置

根据《火灾自动报警系统设计规范》规定，探测器的布置如下：
感烟探测器、感温探测器的保护面积、保护半径与其他参量的相互关系如表 6.2 所示：

　　根据《火灾自动报警系统设计规范》第 8.1.4 条规定，一个探测区域内所需设置的探测器数量，不应小于下式的计算值：

$$N \geqslant S/(K*A)$$

式中：N——探测器数量（只），N 应取整数；

　　　　S——该探测区域面积（m^2）；

　　　　A——探测器的保护面积（m^2）；

　　　　K——修正系数，该综合楼为一级保护对象，宜取 0.8～0.9，在这里取 0.9。

表 6-2　　感烟探测器、感温探测器的保护面积、保护半径与其他参量的相互关系

火灾探测器的种类	地面面积 S（M^2）	房间高度 H（M）	探测器的保护面积 A 和保护半径 R					
			房顶坡度 Φ					
			$\Phi \leqslant 15°$		$15° < \Phi \leqslant 30°$		$\Phi > 30°$	
			A（m^2）	R（m）	A（m^2）	R（m）	A（m^2）	R（m）
感烟探测器	$S \leqslant 80$	$h \leqslant 12$	80	6.7	80	7.2	80	8.0
	$S > 80$	$6 < h \leqslant 12$	80	6.7	100	8.0	120	9.9
		$h \leqslant 6$	60	5.8	80	7.2	100	9.0
感温探测器	$S \leqslant 30$	$h \leqslant 8$	30	4.4	30	4.9	30	5.5
	$S > 30$	$h \leqslant 8$	20	3.6	30	4.9	40	6.3

6.4.2　火灾探测器的设置

　　火灾探测器分为感烟探测器、感温探测器（包括定温式和差温式）、火焰探测器等多种探测器，根据其功能适用不同的场所。探测器是探测火灾的主要元件，因此，准确地选择探测器的类型是防火的关键。本工程为教学实验楼，根据其使用性质和可能发生的火灾特点，按照火灾探测器的选择原则，根据有关消防规范的规定，消防控制中心、变电所及配电室、电梯竖井等处设置光—电探测器，办公室、教室、实验室、走廊、楼梯间等均设置离子感烟探测器。离子感烟探测器对火灾发生时产生的烟雾极为敏感，该类型探测器具有动作准确、灵敏度高的特点。这样，为及早准确地探测到火情报警，进而把火灾消灭于萌芽状态之中奠定了基础。

　　探测器的连线方式可采用二总线制，树枝型接线，如图 6-5 所示。其中，G 线为公共地线，P 线则完成供电、选址、自检、获取信息等。

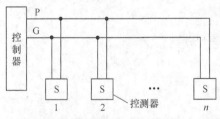

图 6-5　树枝型接线（二总线制）

6.4.3　手动报警按钮

《火灾自动报警系统设计规范》规定，每个防火分区应至少设置一个手动火灾报警按钮。从一个防火分区内的任何位置到最邻近的一个手动火灾报警按钮的距离，不应大于 30m。手动火灾报警按钮宜设置在公共活动场所的出入口处；手动火灾报警按钮应设置在明显的和便于操作的部位。当安装在墙上时，其底边距地高度宜为 1.3～1.5m，且应有明显的标志。

本系统中选用 FMB11Z-2 手动报警按钮，其为二总线制，由二进制拨码开关设置地址码，带电话插孔。

在该综合楼中对手动报警按钮的具体布置如下。

地下车库：在车库入口处设置 1 个，泵房入口处设置 1 个，侯梯厅处设置 1 个，计 3 个；

底层：在营业大厅入口处设置 1 个，营业间右侧入口处设置 1 个，值班台设置 1 个，侯梯厅设置 1 个，计 4 个；

二层：在走道两端各设置 1 个，3 个楼梯附近各设置 1 个，计 5 个；

三～十九层：在走道两端各设置 1 个，2 个楼梯附近各设置 1 个，计 4 个；

机房层：在走道两端各设置 1 个，计 2 个；

总计：3+4+5+4×17+2=82 个。

6.4.4　消火栓按钮

线制为报警功能二总线，由二进制拨码开关设置地址码，直接启泵功能四线制，包括启泵和点亮启泵指示灯各 2 根线。

在该综合楼中对消火栓按钮的具体布置如下。

地下车库：车库 1 和车库 2 各设置设置 2 个，计 4 个；

底层：营业大厅、营业间各设置 2 个，侯梯厅设置 1 个，计 5 个；

二～机房层：在走道两端各设置 1 个，侯梯厅设置 1 个，计 3 个；

总计：4+5+3×19=66 个。

6.5　火灾报警控制器的设计

6.5.1　火灾报警控制器

火灾报警控制器如图 6-6 所示，总体设计根据国家标准《GB4717—93 火灾报警控制器通用技术条件》进行，其主要功能如下。

① 有备用电源、实现主、备电自动切换，保证电源不间断。

② 故障时，有故障报警，并伴有声光显示。当发生火灾时，记录第一个探头的时间、部位并进行锁存等。

当发生火灾时，首先报出预警信号，延时 30s，在这 30s 内管理人员可以根据此时指示的探测器位置进一步确认，若属于误报可以按复位钮退出。由于标准要求不间断电源，当主电故障转换使用备用电时，必须有明确指示灯，同时为节省电能在正常监视无异常信息状态下，处于休眠方式，当故障或火警时，立即唤醒，进行显示处理。

图 6-6 火灾报警控制器

6.5.2 探测器总线

探测器总线上应含有下列信息。

① 地址信息：地址数量可由编码器决定，一般一个总线回路上不应超过 256 个探测器，这是由于各个国家对探测器巡检时间做出的明确限制，若探测器数量过多，导致巡检时间过长，影响控制器对火灾、故障的反应时间。例如，我国规定了火灾报警控制器应在 10s 内对火灾信号做出反应。联动信号应在 3s 内进行联动。

② 火灾现象数据：在整个系统中，火灾现象数据以连续变化、多级变化信号的形式传输。

③ 控制信号以及探测器的反馈信号：用来确认火警信息、驱动门以及启动测试程序等。

6.6 消防灭火设备与联动控制

6.6.1 消防灭火设备的控制要求

自动喷水灭火系统（见图 6-7）属于固定式灭火设备，它可分为闭式灭火系统和开式灭火系统两种，此处闭式系统以湿式系统为例。湿式系统的自动喷水是由闭式喷头的动作而完成的，这里以玻璃球闭式喷头为例。火灾发生时，装有热敏液体的玻璃球（动作温度为 57℃，68℃，79℃，93℃等）由于内部压力的增加而炸裂，此时喷头上密封垫脱开，喷出压力水。喷头喷水时由于管网水压的降低，湿式报警阀开启，压力开关动作启动喷水泵以保持管网水压。同时，水流通过装于主管道分支处的水流指示器，其桨片随着水流而动作，接通报警电路，发出电信号给消防控制室，以辨认发生火灾区域。

图 6-7 自动喷水灭火系统

开式自动喷水系统采用开式水喷头，当发生火灾时由探测器发出的信号经过消防控制室的联动控制盘发出指令，打开电磁或手动两用阀，使得各开式喷头同时按预定方向喷洒水。与此同时联动控制盘还发出指令启动喷水泵以保持管网水压，水流流经水流指示器，发出电信号给消防控制室，表明喷洒水灭火区域。

水幕阻火对阻止火势蔓延有良好的作用。电气控制与自动喷水系统相同。

6.6.2 用于火灾报警和联动控制的设备

（1）水流指示器

水流指示器一般装在配水干管上，作为分区报警。它靠管内的压力水流动的推力推动水流指示器的浆片，带动操作杆使内部延时电路接通，经过 2～3s 后使微型继电器动作，输出点信号供报警及控制用。水流指示器的外部接线如图 6-8 所示。也有的水流指示器由浆片直接推动微动开关发出报警信号。其报警信号一般作为区域报警信号。

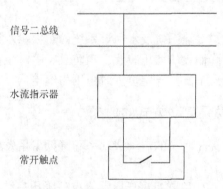

信号二总线

水流指示器

常开触点

图 6-8 水流指示器的外部接线图

水流指示器不能单独作喷淋泵的启动控制用，可和压力开关联合使用。

（2）水力报警器

它包括水力警铃及压力开关。水力警铃在湿式报警阀的延迟器后。当系统侧排水口放水后，利用水力驱动警铃，使之发出报警声。它可用于干式、干湿两用式、雨淋及预作用自动喷水灭火系统中。压力开关是一种水—电转换器，其功能是将管网水压力信号转变成电信号。湿式系统中将其装在延迟器的上部，以实现自动报警及启动消火栓泵的功能。

6.6.3 消火栓按钮及手动报警按钮

（1）消火栓按钮

消火栓按钮是消火栓灭火系统中的主要元件。按钮内部有一组常开触点、一组常闭触点及一只指示灯，按钮表面为薄玻璃或半硬塑料片。火灾时打碎按钮表面玻璃或用力压下塑料面，按钮即可动作。消火栓按钮可用于直接启动消火栓泵，或者向消防控制中心发出申请启动消防水泵的信号。当消火栓泵运行时，其运行接触器常开触点 KM1（或 KM2）闭和，所有消火栓按钮上的指示灯燃亮，显示消火栓泵已启动。

并联线路比串联线路少用一只中间继电器，线路较为简洁且并联接法的接线较方便。但采用并联连接时，不能在正常时监控消火栓报警按钮是否正常，按钮回路短线或接触不良时不易被发现。串联线路虽然多用一只中间继电器，但因 KA1 继电器在正常监控时带电，只要有一处短路或连接处接触不良，KA1 继电器即失电。因此，可利用 KA1 的常闭触点进行报警，达到监控线路正常与否的目的，以提高控制线路的可靠性。此外，在发生火灾时，即使将消火栓报警按钮连线烧断也能保证消火栓泵的正常启动。其缺点是:串联接法将各按钮首尾串联，当消火栓较多或设置位置不规则时，接线容易出错。消火栓按钮的串联接线方式为传统式接法，适合用于中小工程。为避免因消火栓按钮回路断线或接触不良引起消火栓泵误启动，可用一只时间继电器 KT 代替 KA2 的作用。火灾报警控制器一定要保证常年正常运行，且常置于自动连锁状态，否则会影响启泵。

（2）手动报警按钮

手动报警按钮的功能是与自动报警控制器相连，用于手动报警。其结构与消火栓按钮类似。各种型号的手动报警按钮必须和相应的自动报警控制器相配套才能使用。

6.7 消防泵、喷淋泵及增压泵的电气控制

消防泵、喷淋泵分别为消火栓系统及水喷淋系统的重要供水设备。增压泵是为防止充水管网泄漏等原因导致水压下降而设的增压装置。消防泵、喷淋泵在火灾报警后自动或手动启动，增压泵通常是在管网水压下降到一定位置时由压力继电器自动启动及停止。

6.7.1 消防泵及喷淋泵启动方式的选择

水泵启动方式的选择对提高水泵的启动成功率和降低备用发电机容量具有重要意义。

（1）可靠启动

当采用 Y-Δ 降压启动方式或串联自耦变压器等设备降压启动方式时，在降压—全压的切换过程中将有短时断电的过程。短时断电的时间取决于两套接触器的释放及吸合时间之和，一般为 0.04～0.12ms。在电路切换过程中，电动机定子绕组会产生较大的冲击电流。瞬时最大值可达电动机额定电流的数倍以上，此冲击电流可能会造成电动机电源断路器的瞬时过电流脱扣器动作，导致电源被切断，消防泵不能启动，造成严重的后果。为此，对于消防泵推

荐尽量采用直接启动方式，如按计算电压降不能保证启动要求，也宜选用闭式切换（即无短时断电）的降压启动设备。

（2）降低备用发电机容量

当消防泵由备用发电机供电时，由于异步电动机启动时的功率因数很低，启动电流大而起动转矩小，导致发电机端电压下降，有可能无法启动消防泵。因此，对于较大容量的异步电动机应限制其启动电流数值，尽可能采用降压启动方式（用 Y-△或自耦变压启动）。采用 Y-△降压启动方式后，由发电机供出的启动电流只有直接启动时启动电流的 1/3 左右，这可以使备用发电机的容量相应减小。

6.7.2 消防泵及喷淋泵的系统模式

现代高层建筑防火工程中，消防泵与喷淋泵有以下两种系统模式。

① 消火栓系统与喷淋系统都各自有专门的水泵和配水管网，这种模式的消防泵和喷淋泵一般为一台工作，另一台备用（一用一备）或二用一备。

② 消火栓系统和喷淋系统各自有专门的配水管网，但供水泵是共用的，水泵一般是多台工作，一台备用（多用一备）。

消防水泵由消防联动系统进行自启动（停车）或采用手动方式启动（停车）。

6.7.3 消火栓泵电气控制

对消防泵的手动控制有以下两种方式。

① 通过消火栓按钮直接启动消防泵。

② 通过手动报警按钮将手动报警信号送入消防控制室的控制器后，发出手动或自动信号控制消防泵启动。通常，消防泵经控制室进行联动控制，其联动控制方框图如图 6-9 所示。

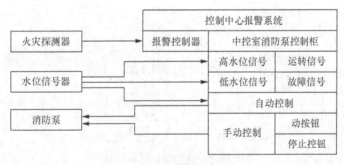

图 6-9 消火栓泵联动控制方框图

采用消火栓泵时，在每个消火栓内设置消火栓按钮，正常情况下，此按钮的常开触点被小玻璃窗压下而闭合。灭火时用小锤敲击按钮的玻璃，玻璃破碎后，按钮恢复常开状态，从而通过控制电路启动消火栓泵。如设有消防控制室且需要辨认哪一处的消火栓工作时，可在消火栓内装一个限位开关，当喷枪被拿起后限位开关动作，向消防控制室发出信号。消火栓泵和喷头的外形如图 6-10 所示。

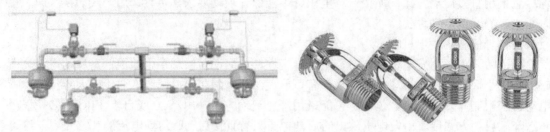

图 6-10 消火栓泵和喷头

6.7.4 喷淋泵的电气控制

喷淋系统控制示意图如图 6-11 所示。两台喷淋泵一用一备，其工作（备用）职能由转换开关 SA 分配。火灾时，喷头因受热炸裂喷水，水管网压力下降，压力开关（压力继电器）常开触点闭合，中间继电器 KA1 线圈得电，常开触点闭合，启动喷淋泵（工泵）。同时，水流指示器因供水管网的水流动作而动作，接通中间继电器 KA2（KA3），将火灾信号送至消防控制室。运行信号由喷淋泵电源接触器常开触点接通信号指示灯将启泵信号返回消防控制室。

当工泵因故障不能启动时，经过短暂延时，中间继电器 KA4 线圈得电，常开触点闭合，启动喷淋备用泵。

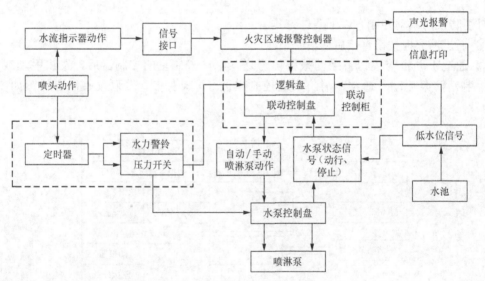

图 6-11 喷淋系统电气控制示意图

6.8 联动控制系统的可靠设计

火灾自动报警系统的设计与各种消防设备的选择有着密切的联系。在设计火灾自动报警系统时应根据给排水、电气、通风等相关专业选用的消防设备进行安全可靠、经济合理的设计。图 6-12 所示为火灾报警及联动控制系统，消防联动控制的控制方式一般有中心控制和模块控制两种方式，前者是消防中心接到火警信号之后通过直接连接线路对受控对象进行控制，如启动消火栓泵、喷洒泵，启动排烟风机，关闭空调、防火门，停止送风机运行、开启排烟阀门等，并接收各设备的返回信号和防火阀动作信号，监视各设备运行情况。后者是消防中心接收到火警信号后发出受控对象，如排烟风机、排烟阀门等的动作指令，经过总线和控制模块来驱动设备动作并接收其返回信号，监视其运行状态。

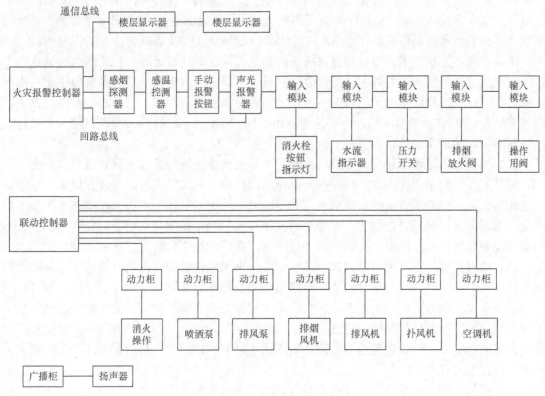

图 6-12　火灾报警及联动控制系统

6.8.1　火灾自动报警系统与自动喷水灭火系统的配合

火灾自动报警系统设计时，应根据自动喷水灭火系统的不同类型以及不同的设备选型，设计相应的报警、联动线路和设备。火灾自动报警系统设计与常规自动喷水灭火系统的配合有以下几种方式。

（1）火灾自动报警系统设计与湿式、干式喷水灭火系统的配合

湿式喷水灭火系统和干式喷水灭火系统中湿式报警阀的压力开关、水流指示器、安全信号阀、喷淋泵等设备的选择，均需要与火灾自动报警系统进行配合设计。根据《报警规范》规定，消防控制设备对自动喷水灭火系统应有"显示水流指示器、报警阀、安全信号阀的工作状态"的功能。当前普遍采用总线制火灾自动报警系统。在火灾自动报警系统设计时应在报警总线上通过信号模块接收水流指示器、安全信号阀上节点发生的信号，传送至火灾自动报警控制器上显示其工作状态。与水流指示器、安全信号阀连接的信号模块均应有独立的报警地址编码，并且因水流指示器、安全信号阀的不同作用，其信号模块的传输信号不得共用。在设计时应注意水流指示器和安全信号阀都有需要接直流24V工作电源与不需要接电源两种类型。当选用需要接直流24V工作电源的水流指示器、安全信号阀时，应向水流指示器、安

全信号阀提供直流 24V 电源。在设计时还应注意所选择的信号模块接收信号的接点方式分无源接点和有源接点两种，一般均采用无源接点输入方式。当设备输出的信号和信号模块的输入信号接点方式相同时，则直接接入使用；当设备输出的是有源接点信号，而信号模块只接收无源信号的接点时，应通过信号转换如用中间继电器转换为无源接点，现在有一种无触点式输出的安全信号阀产品，其输出的是高、低电平开关量的有源信号，使用的信号模块又是无源接点输入方式，应通过信号转换为无源接点信号，再输出给信号模块。《报警规范》5.3.2条以及《自动喷水灭火系统设计规范》（GB50084—2001）11.0.1 条规定，湿式报警阀压力开关、接点和消防控制室手动按钮应能直接延时启泵。因此，在设计时，在无消防控制室的工程中，应把湿式报警阀压力开关的接点线路直接引至湿式喷水灭火系统喷淋泵的控制箱内，实现直接延时启泵和显示信号的功能；在设有消防控制室的工程中，消防控制室内应设手动联动控制台（即 XKP 盘），将压力开关的接点线引至 XKP 盘，经转换后实现自动和手动直接控制喷淋泵，并显示信号。

（2）火灾自动报警设计与雨淋灭火系统、水幕灭火系统等开式喷水灭火系统的配合

雨淋灭火系统是由火灾自动报警系统或传动管控制。火灾发生时，自动开启雨淋报警阀和启动水泵后，向开式洒水喷头供水的自动喷水灭火系统。开式喷水灭火系统的一个显著特点是：需要火灾自动报警系统的火灾探测器发出报警信号，控制开启雨淋报警阀，由火灾自动报警控制器将自动控制信号传输至联动控制台，在联动控制台实现自动和手动启动供水泵等。开启雨淋报警阀有两种控制方式：第一种是由灭火系统保护区内就近的感烟、感温探测器组成"与"门，当其均动作时，通过控制电路拓一制开启雨淋报警阀并返回动作信号；第二种是由喷水灭火系统保护的防火分区内任意火灾探测器报警，并确认火灾后，由火灾自动报警控制器发出控制信号至输入/输出模块，开启雨淋报警阀，并返回动作信号。使用第二种控制方式的特点是，雨淋报警阀应在确认火灾后才能开启。因此，从报警可靠性考虑建议采用第二种控制方式。

（3）报警探测器、设备以及线路安装与自动喷水灭火系统的配合

《火灾自动报警系统施工及验收规范》（GB50166—92）2.3.1 条规定，点型火灾探测器的安装位置，应符合在"探测器周围 0.5m 内，不应有遮挡物"。故探测器与喷头的安装距离不应小于 0.5m。

火灾自动报警系统的设备（如信号模块、控制模块等）需要安装在自动喷水灭火系统设备附近时，应做好防水、防潮措施。建议把这些设备相对集中地放入设备盒（箱）内，便于作防水、防潮的处理，也方便安装、接线。建议消防水泵当需采用总线编码模块控制时，应在消防控制室联动控制台（盘）设置手动直接控制装置。联动控制台（盘）应经多线制线路传输至消防水泵控制箱，在联动控制台（盘）实现自动和手动直接控制泵的启、停，并显示泵状态和供电电源信号。

6.8.2　火灾自动报警系统的选择

火灾自动报警系统一般分为 3 种形式设计：区域火灾自动报警系统、集中火灾自动报警系统和控制中心报警系统。随着电子技术迅速发展和计算机软件技术在现代消防技术中的大量应用，火灾自动报警系统的结构、形式越来越灵活多样，这 3 种形式在设计中具体要求有所不同。特别是对联动功能要求有简单、较复杂、复杂之分，对报警系统的保护范围要求有小、中、大之分。教学实验楼的建筑高度为 52.9m，每层的建筑面积均超过 2000m^2，而且有

重要的实验室，是一幢综合楼。按照《火灾自动报警系统设计规范》的规定，根据其使用性质、火灾危险性、疏散和扑救难度等确认，该建筑为一级被保护对象，耐火等级为一级。

因此，工程的火灾自动报警及消防联动控制系统可采用总线制通信方式，智能自动报警控制器（集中控制器）、显示器、打印机、UPS 电源、手动控制器等组成的控制中心报警系统控制。如图 6-13 所示，工程的消防控制中心设在建筑的地下一层，利用建筑物侧出口作为直接对外的出口。火灾报警控制器是火灾自动报警系统的中枢，它接收信号并做出分析判断，一旦发生火灾，立即发出火警信号并启动相应的消防设备。现代消防设计一般采用总线制，选用模拟量多功能的报警控制器。实验楼所可选择的报警器为 JB-QB-64（664F）火灾报警控制器。

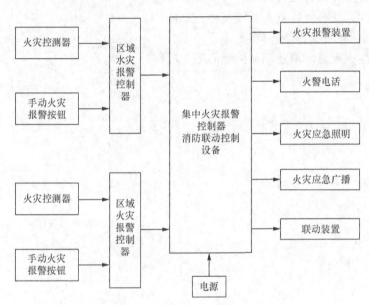

图 6-13　控制中心报警系统图

6.9　火灾探测器的发展

（1）复合探测器

现代火灾探测器发展的方向是多传感器/多判据技术，多个传感器从火灾不同现象获得信号，并从这些信号中寻找出多样的报警和诊断判据。

（2）空气采样感烟探测技术

这是一种通过管道抽取被保护空间的空气样本到中心检测室，以监视被保护空间内烟雾存在与否的火灾探测器。

（3）多探测器协同探测

每一只探测器在进行其模拟量报警判定时，要参照其相邻探测器的读数，可用于抑制某些误报现象，并对真实的火灾做出较快的响应。将多种探测与报警功能复合在一体，内置 CPU 分析数据，真正分布智能，是一个发展趋势。例如，四合一智能探测器包括双光电烟温复合探测器，带声音、语音及闪灯报警。

复习与思考题

1. 一个完整的消防系统由哪几部分组成？各部分有何作用？
2. 现场消防设备有几种类型？各自有什么作用？
3. 火灾探测器有哪些类型？应如何正确选用？
4. 如何根据火灾探测器的型号，确定属于何种探测器？
5. 火灾报警控制器由哪几部分组成？并说明其作用。
6. 火灾报警控制器有几种类型？用于哪些场合？
7. 气体灭火系统有何特点？有哪些种类？
8. 消防联动控制包括哪些内容？
9. 简述发生火灾时，消防联动控制的工作过程。

7.1 智能楼宇物业管理的概念

物业管理是顺应房地产综合开发的发展而派生出来的产物，随着中国的城市经济体制改革，中国的物业管理从 20 世纪 40 年代后期的房屋管理到 80 年代兴起的市场经营型的物业管理，"物业管理"在中国已是一个得到政府和社会认可的新兴行业和一项富有创意的管理实践。

"物业管理"一词目前在汉语中尚无出处和注释，它是英语"Property Management"一词在我国香港特区的习惯称谓，意是泛指房地产业。结合我国国情和改革实践，房地产物业管理与房地产业在其内涵上，虽同属于我国的第三产业，但就产业性质、产业内容而言，中国房地产物业管理（简称"物业管理"）不应是房地产业的代名词，按我国最新调整的行业分类标准规定，物业管理属房地产管理业与社会服务业交叉而产生的新兴行业。

简单说来，物业管理是房地产开发经综合验收售出后，对房屋及设施、生活环境所进行的动态管理与有偿服务。从准确意义上来讲，物业管理是指由专门的物业管理经营机构和人员受物业所有者的委托，根据国家有关法律，依照合同和契约，运用现代管理科学和先进的维修养护技术，以经济手段对已竣工、验收、投入使用的各类房屋建筑和附属配套设施、场地，以及物业区域周围的环境、清洁卫生、安全保卫、公共绿化、道路养护等实施统一的专业化管理和维修养护，为业主和承租人提供综合性服务，创造整齐、清洁、安全、宁静、舒适的居住环境。它是从后勤福利体制逐步向经营服务型过渡的好方法，是住房制度改革的必然结果，是商品化住房管理的必由之路。物业管理所提供的服务是多层次、全方位的综合性服务。物业管理信息系统如图 7-1 所示。

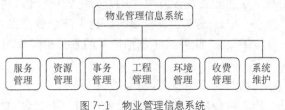

图 7-1　物业管理信息系统

智能化住宅小区建设应该遵循"管理是保障"的原则，没有高质量的住宅小区智能化管理，就不可能充分发挥住宅小区智能化的功能效果。

科学高效的管理是智能化的真正内涵。为此，作为智能化住宅小区的实际管理者——物业管理公司应该应用现代化的计算机管理手段，使物业的硬件管理结合软件管理，为物业管理走向现代化、制度化及规范化创造条件。

7.2 物业管理系统的功能与组成

7.2.1 物业管理系统的一般功能

小区物业计算机管理系统的硬件部分由计算机网络及其他辅助设备组成，软件部分是集成小区居民、物业管理人员、物业服务人员三者之间关系的纽带，对物业管理中的房地产、住户、服务、公共设施、工程档案、各项费用及维修信息资料进行数据采集、加工、传递、存储、计算等操作，反映出物业管理的各种运行状态。物业软件应以网络技术为基础，面向用户，实现信息高度共享，方便物业管理公司和住户的信息沟通。

该系统应具备以下功能：

① 房产管理；

② 住户信息管理与查询；

③ 设备维修；

④ 维修管理；

⑤ 住户投诉管理；

⑥ 保安管理；

⑦ 收费管理；

⑧ 物业公司内部管理等。

7.2.2 物业管理各子系统

（1）房产管理

房产档案的主要功能是储存、输出所有需要长期管理的小区房屋的各种详细信息；产权档案的主要功能是储存、输出每套房屋的产权信息，进行产权分配的操作。业主档案主要功能是储存、输出每套房屋住户的详细信息，进行住户的入住和迁出操作，登记户主的照片。

（2）财务管理子系统

实现小区财务的电子化，并与指定银行协作，实现小区住户费用的直接划转。物业管理的很大一部分是物业收费。在物业管理计算机化的基础上，应该做到物业收费的规范化。小区内统一收费，主要包括水、电、煤气三表收费，房租、停车费、保安费、卫生费等（其中三表收费数据自动从下位机采集）。此外，还包括日常的各种服务收费，如有线电视、VOD、Internet 网络服务、洗衣、清洁等。

（3）收费管理子系统（物业管理/租金/服务等收费）

每计费月自动计算出相应付费额，从小区银行各户的户头上自动扣除相应费用，同时向用户发出 E-mail 形式收费通知。业主可以通过 IC 卡交费。各类收费经计算机汇总，由小区工作人员统一转入各个收费单位。如用户欠费系统，则通知工作人员注意，进行人工或自动处理。

（4）图形图像管理子系统

主要功能是储存物业小区的建筑规划图、建筑平面图、住户的单元平面图、基础平面图、单元效果图、房间效果图。

（5）办公自动化子系统

这是在小区网络的基础上一个开放的平台，实现充分的数据共享、内部通信和无纸办公。办公自动化主要包括以下内容。

文档管理——将物业公司发布的文件分类整理，以电子文档形式保存，以方便公司人员的检索和查询。

收发文管理——管理文件的收发和登记。

各类报表的收集整理——收集整理各类报表提供给公司领导及上级有关部门。

接待管理——对公司的来宾来客进行登记，记录各类投诉并转给管理事务部门处理。为管理者提供事务处理全过程监控和事后查询。

（6）查询子系统

查询系统采用分级密码查询的方式，不同的密码可以查询的范围不同，查询的输出采用网络、触摸屏等多种方式。通过使用综合查询模块，小区物业管理者可以很方便地对经过分类、综合或汇总的信息进行查询、分析、预测，大幅度减少了操作环节与工作量，为领导了解小区管理状况和决策提供依据。小区住户可以通过私有口令对小区综合服务信息进行查询，如（水、电、煤气）三表、房租、卫生费、购物等收费情况。

（7）Internet 服务子系统

小区可租用专线，自身成为一个信息介入（ISP）服务站。小区对外成为一个 Internet 网站，可发布小区的概况、物业管理公司、小区地形、楼盘情况等相关信息，提供电子信箱服务；实现住户的费用查询、报修、投诉，以及各种综合服务信息（天气预报、电视节目、新闻、启示、广告）的发布，网上购物等。

（8）维护管理子系统

维修部门的计算机随时检视住户的应急维修要求，接到用户需求后，该模块先判断维修任务类型，从数据库中检索出负责此类维修任务人员的传呼号码，再通过电脑语音卡传呼该人员，向其通知相应住户信息和维修信息，这样便可迅速对住户的维修要求作出反映。

房产维修——主要功能是储存和输出物业维修养护的详细情况。

设施设备维修——主要功能是储存、输出对物业中的各种公共设施、各种楼宇设备进行维修养护的详细情况。

7.2.3 物业信息管理系统

（1）三表远传自动抄收系统

本小区住宅采用三表自动抄收远传系统，每户设计一块电表、一块气表、两块水表，系统通过管理机完成对小区内各耗能表数据的采集，通过电力线载波，由载波终端机传送到物业管理中心，完成对数据的抄收、管理。管理机安装在智能电表箱内，可接入 8 块耗能表。电表直接在电表箱内连至管理机，水表和煤气表由住户家中引线至电表箱，再连至管理机。载波终端机安装在变压器房内，该终端机可连接多个变压器供电范围内低压电网上的每个管理机，并对其自动调相进行数据双向通信。系统总控管理站安装在物业管理中心，进行小区内用户电量、用气量、用水量的信息采集、存储、统计与综合管理。电力公司、煤气公司和自来水公司可以通过数据网络传输取得相应的资料。

管理机和载波终端机之间的通信以 380/220V 电力线为载体,直接用电力线进行数据双向传输;载波终端机与总控管理站之间通过电话网进行数据传输。

（2）停车场自动管理系统

通过利用高度自动化的机电设备对停车场进行安全、有效的管理,满足整个小区的住户和管理者对停车场效率、安全、性能以及管理上的高要求。

（3）紧急广播与背景音乐系统

背景音乐系统主要在小区中心绿地、喷泉广场、地下车库、小区主要通道等处进行设置,控制中心由广播控制室和消防控制室组成。广播控制室用于日常背景音乐的播放及紧急事件的广播;消防控制室用于发生火灾时,强制切入广播相关事宜。

（4）公共设备集中监控系统

公共设备集中监控系统如图 7-2 所示。

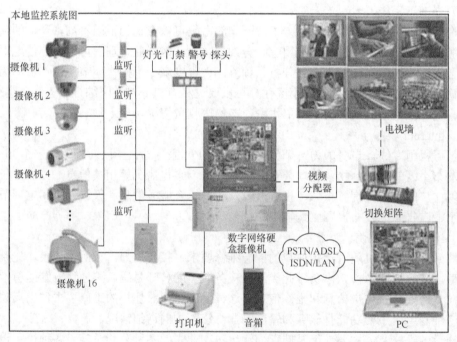

图 7-2　公共设备集中监控系统图

① 排水监测系统。
- 监视给水泵、排污泵、排水池（水泵均按 1 用 1 备计）。
- 监控水泵的运行状态和故障报警。当水泵发生故障时,自动投入备用泵。
- 监控水泵运行状态,根据水池液位高低自动启停水泵,并根据水泵运行时间,自动确定运行备用泵。

通过 DDC 采集水泵的工作状态,在小区管理中心就可直接观察各水泵是启动还是停止。

② 配电检测系统。
- 监测低压进线电压、电流、有功功率、功率因数、频率等参数。
- 监测变压器超温报警。

- 监测低压母线断路器的状态。

③ 电梯监视系统，监测小区内高层建筑的多部电梯。

采用 LED 电梯集中显示，在小区主控中心可实现对所有电梯的上行、下行、停靠楼层、故障等进行监视。在电梯发生故障时，还可通过电话对讲实现小区主控中心与电梯内受困人员的通话。

④ 照明控制系统，控制小区内公共照明回路。

照明系统是具有控制管理建筑物的公共照明的功能，按各个区域的要求不同，在低压配电室设置多个独立控制回路，通过 DDC 分站即可实时检测各个回路的手/自动状态故障，开关状态等。对小区内的公共照明采用定时自动管理方式进行控制，具有高度的可靠性和明显的节能功能。

⑤ 管理综合信息系统。物业管理综合信息系统的核心是"信息化物业综合管理系统"软件，该软件是安装于计算机物业管理中心局域网，实现消费、结算、查询物业管理中心、三表数据抄收、小区内部信息服务等系统的网络信息集成。它以高效便捷的软硬件体系来协调小区居民、物业管理人员、物业服务人员三者间的关系。

系统分为前台和后台两部分：前台是设在公共场所的多媒体触摸屏计算机，或者个人家庭的 PC，通过小区内部的局域网进行查询、投诉、报修等事宜。后台是管理中心的服务器，负责采集、处理和存储各子系统的信息。

小区物业中心综合管理系统分为硬件及软件两部分：硬件部分是在物业管理中心内部建立内部计算机局域网，由物业管理计算机、中心服务器、网络工作站及多媒体计算机构成，通过局域网的建立可完成物业管理公司与用户双向沟通，及物业管理公司的内部管理。软件部分即物业管理综合信息查询系统（软件），它是专用于物业管理的一套事务处理软件，分为前台系统和后台系统两大部分，前后台系统紧密相连，共同完成物业管理中的各项工作。

7.3　数据库

管理信息系统大多是基于数据库的应用系统，所以管理信息系统的开发与数据库技术是密不可分的。数据库有统一的质量保证规程，有统一的管理机构，有统一的操作规程，能够对数据进行统一管理。数据库在一个信息管理系统中占有非常重要的地位，数据库结构设计的好坏将直接对应用系统的效率及运行效果产生影响。

用户的需求具体体现在各种信息的提供、保存、更新和查询上，这就要求数据库结构能充分满足各种信息的输入和输出要求。收集基本数据、数据结构以及数据处理的流程，组成一份详尽的数据字典，为后面的具体设计打下良好基础。例如，户主信息包括序列号、户主身份证号、区号、楼号、单元号、门牌号、户主姓名、户主性别、户主联系电话、户主生日等数据项；车辆信息包括序列号、车牌照号码、车主身份证号等；人车出入信息包括序列号、来访人姓名、来访人证件号码、来访车辆牌照号码、来访寻找人、进小区时间、进入小区大门编号等；维修信息包括序列号、维修申请户户主姓名、维修申请户户主身份证号、维修人姓名、维修种类、维修开始时间、维修结束时间、备注等；收费信息包括序列号、收费开始时间、收费结束时间、交费户户主身份证号、交费户户主姓名、交费名称、交费种类、交费日期、备注、欠费情况等数据项。维修管理的对象模型图如图 7-3 所示。

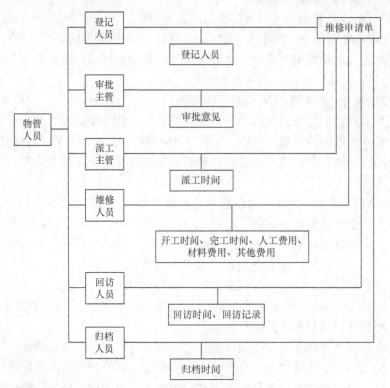

图 7-3　维修管理的对象模型图

7.3.1　动态模型

"动态模型"表示瞬时的、行为化的系统的"控制"性质，它规定了对象模型中的对象的合法变化序列。每个类的动态行为用一张状态图来描绘，各个类的状态图通过共享事件合并起来，从而构成系统的动态模型。动态模型是基于事件共享而互相关联的一组状态图的集合。

对于系统中的动态模型，均可以根据情况对通用状态机进行修改得到针对具体应用和操作的状态图，并可在随后的设计实现阶段中根据所需的详细程度不断地细化嵌套，最终得到可直接用系统控制语句实现的详细状态图。

7.3.2　功能模型

在建立了对象模型和动态模型之后，再建立功能模型。功能模型表明了系统中数据之间的依赖关系，以及有关的数据处理功能。

功能模型由一组数据流图组成，其中处理功能可以用 IPO 图（或表）、伪码等多种方式进一步描述。在系统中，维修管理的数据流图如图 7-4 所示。维修管理的用户包括登记人、审批主管、派工主管、维修人员、回访人员、归档人员等，系统可进行的操作处理主要有登记、审批、派工、执行、回访、归档等。

经操作处理后的结果可输入到系统内的存储结构中（如维修申请单登记表、拒绝受理维修申请单、记录清单登记表等登记表）或输出系统。

登记人将申请单、登记人、登记方式、登记时间等数据输入系统，经过系统的"登记"操作处理，生成数据"维修申请单"并存入维修申请单登记表中；审批主管将审批意见数据输入系统，系统从维修申请单登记表中取出数据"维修申请单"并进行"审批"操作处理，将拒绝受理维修申请单输入拒绝受理维修申请单登记表中，将待派工维修申请单输入待派工维修申请单登记表中；同样，其他人员将数据输入系统，经过系统的操作处理，生成的结果输入存储结构中或输出，如图 7-4 所示。

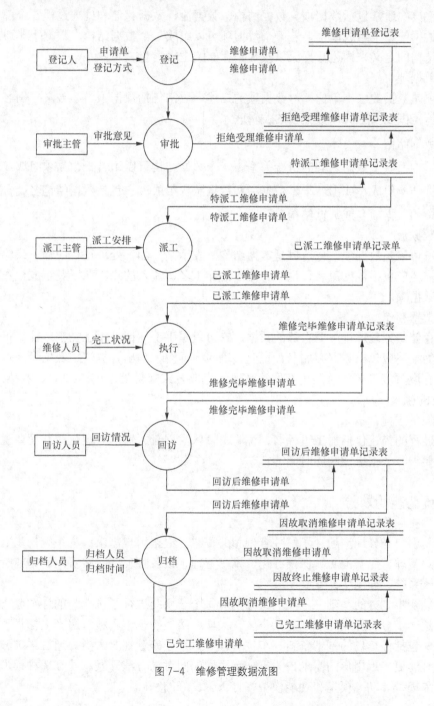

图 7-4 维修管理数据流图

7.3.3　数据词典

通过对数据流图（DFD）的分析，产生数据字典。数据字典提供对数据库时间描述的集中管理，它的功能是存储和检索各种数据描述（称为元数据 Metadata），并且向数据库管理员（DBA）提供有关的报告。对数据库的设计来说，数据字典是进行详细的数据收集和数据分析获得的主要成果。

数据字典中通常包括数据项、数据结构、数据流、数据存储和处理过程 5 个部分，其中数据项是数据的最小组成单位，若干个数据项可以组成一个数据结构，数据字典通过对数据项和数据结构的定义来描述数据流以及数据存储的逻辑内容。

（1）数据项

数据项是数据的最小单位，对数据项的描述，通常包括数据项名、含义、别名、类型、长度、取值范围以及与其他数据项的逻辑联系。

（2）数据结构

数据结构反映了数据之间的组合关系。一个数据结构可以由若干数据项组成，也可以由若干个数据结构组成，或由若干个数据项和数据结构组成。它包括数据结构名、含义及组成该数据结构的数据项名或数据结构名。

（3）数据流

数据流可以是数据项，也可以是数据结构，表示某一加工处理过程的输入或输出数据。对数据流描述应包括数据流名、说明、流出的加工名、流入的加工名以及组成该数据流的数据结构或数据项。

（4）数据存储

数据存储是处理过程中要存储的数据，它可以是手工凭证、手工文档或计算机文档。对数据存储的描述应包括数据存储名、说明、输入数据流、输出数据流、数据量（每次取多少数据）、存取频度（单位时间内存取次数）和存取方式（批处理/联机处理，检索/更新，顺序存取/随机存取）。

（5）加工过程

加工过程的描述包括加工过程名、说明、输入数据流、输出数据流，并简要说明处理工作、频度要求、数据量及响应时间等。

7.4　系统功能和划分

通过与用户充分地沟通、了解并查询相关资料，根据用户需求，将系统初步划分为房产管理、客户管理、保安消防、保洁绿化、维修管理、设备管理、收费管理、物料管理、行政人事 9 个子系统，如图 7-5 所示。

在系统初步划分的基础上，我们又分别对每个子系统进行了进一步的详细分析，如房产管理又可进一步分为房屋管理（包括小区、大楼、房屋的基本资料，房产大修管理等）、停车场管理（包括停车场的基本资料、车位管理等）、设施管理 3 大类。通过详细分析，我们对系统的理解更接近用户的需求，为下一步运用面向对象方法开发、建立 3 种模型来描述系统（即对象模型、动态模型和功能模型）打下了良好的基础。

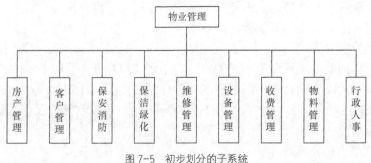

图 7-5　初步划分的子系统

7.4.1　房产管理

（1）房屋资源管理

物业公司的一切房产从朝向、面积、结构、类型、楼层、使用状况、设备配置、产权归属等信息应有尽有。

（2）物业租赁管理

能查询和打印出目前有哪些房屋是空屋，以及这些空屋的朝向、楼层、面积、结构类型、使用状况、设备配套等情况，以方便客户选择；还可以根据出租截止日期，对租赁信息进行查询、汇总、报表，使租赁工作具有预见性。

（3）楼栋档案

对各栋大楼做一详尽说明，包括大楼的施工编号、竣工日期、总建筑面积、总使用面积、大楼外观图、大楼结构图等信息。房屋及设施设备、基础资料的房屋总平面图、地下管网图、规划批准文件、竣工和接管验收档案资料、公共设备设施的设计安装图纸资料等均可以用管理系统进行管理。

（4）装修管理

对各楼（房间）竣工时的装修情况、二次装修的情况，以及后来装修情况及房屋目前的情况，做一全面细致的阐述，以方便随时查询和统计。

7.4.2　客户管理

（1）主档案

对户主的各种资料，如姓名、年龄、籍贯、联系电话、工作单位、国籍进行录入、查询、统计、报表，可进行常住/暂住、个人和单位、户主和同住等分类管理和查询，满足派出所的治安要求和本公司的要求，并且能对以往曾住过的住户进行查询，还能登记和查询户主家庭人员情况。

（2）业主档案

对业主的各种资料，如姓名、年龄、籍贯、联系电话、工作单位、国籍等进行录入、查询、统计、报表，方便管理人员的工作。

7.4.3　收费管理

（1）收费项目的选择

根据物业管理公司的具体特点，以及各小区物业管理办公室的费用通知，从水费、电费、燃气费、物业管理费、车位费、生活垃圾外送费、排污费、维修费等费用中，选择出公司的费用，并可根据实际情况增加其他费用，多少不限。

（2）收费项目的设置

可将物业公司的收费项目分为不同的收费周期和收费标准，具有非常大的灵活性和可扩充性，可以解决一种收费项目有不同的标准（如计划内用水、计划外用水、工业用水、商业用水、居民用水等各种价格），一种收费项目针对不同的对象征收等情况，以满足不同的物业公司的需求。

（3）各种费用损耗分摊

可按客户的要求任意分摊水费、电费和其他费用。可按面积、用量以及给定的比例进行分摊。

（4）费用的查询

应收款、实收款、欠收款、预收款，各周期费用表、客户欠款分析表、某时间段的各种费用表等极其详细，非常丰富，能对收费情况进行各种财务分析，如本期收缴率、本期欠款统计、往月欠款追回比率、累计欠款等。

（5）费用的统计

应收款统计、实收款统计、预收款统计、欠交款统计以及费用入账统计等各项统计，既可按楼号、按周期进行统计，也可按每项收费项目进行统计，还可按收款人、收款日期、金额大小、票据号等多种判断条件进行统计。

7.5 数据库设计

7.5.1 数据库系统的组成

数据库系统（DBS）是由硬件（主要包括中央处理机、内存、外存、输入输出等硬件设备）、软件（主要包括操作系统（OS）、数据库管理系统（DBMS），各种语言和应用开发支撑软件等程序）、数据库（DB）、数据库管理员、用户组成的。数据库的设计就是从用户需求出发，设计数据库的结构（主要是逻辑结构和物理结构），再装载初始数据的过程。其设计目标是满足用户的功能要求、性能要求、安全性要求和完整性要求。在数据库的设计中主要采用逐步求精（如从局部到全局，从一般到具体）和分而治之的设计策略。

首先是进行需求分析，主要是分析用户的需求，确定数据库的应用范围，收集和分析数据资料并编制需求分析说明，将用户的机构与功能、业务处理流程、数据的形态、数据的约束以及机构功能图、数据流程图（DFD）、数据字典和数据约束以说明的形式表示出来。

7.5.2 数据库的概念设计

概念设计，主要是设计出一个中性的数据结构（概念模式），可以用实体联系（ER）图来表示这种结构。逻辑设计则是将中性的数据结构转化成特定的数据库管理系统所支持的数据库系统。物理设计主要是设计数据库的存储结构、存储路径和存取方法（在关系数据库的设计时基本可不考虑）。实现设计主要是定义模式、子模式，以及初始数据的装载，程序的调试等。数据库的运行与维护主要是为防止数据库中的数据泄密和非授权存取而进行的安全性控制、完整性控制、转储与恢复、性能监测、分析与改进、数据库重组、数据库重构等工作。

（1）确定局部结构范围

设计系统的各个局部 ER 模式的第一步是确定局部结构的范围划分。根据功能相对独立、外界联系较少、内部联系较紧、实体个数适量的划分准则，将用户需求分析时划分的房产管理、客户管理、保安消防、保洁绿化、维修管理、设备管理、收费管理、物料管理、行政人事 9 个子系统的每一个子系统确定为一个局部结构范围。

（2）确定基本实体

每一个局部结构都包括一些实体类型，确定基本实体的主要任务就是确定每个实体的名称和关键字（key）。在给实体命名时，要尽量做到"雅"和"规范"，要反映实体的语义性质。

在房产管理中，确定城市、行政区、住宅小区、大楼、房屋、设施、停车场、车位等为基本实体，其中城市、行政区、住宅小区的关键字分别取城市名、行政区名、住宅小区名，而大楼、房屋、设施、停车场、车位则分别取大楼编号、房屋号、设施编号、停车场编号、车位编号为各自的关键字。

事实上，由于实体、属性和联系之间并无形成可以截然区分的界限，划分时采用了下面的方法：以"数据分类表"登记的数据对象为基准，这些是"天然"的实体；参照"抽象"技术；可再分者宜为实体；$1:M$ 联系时，M 方易为实体；存在性准则：具有唯一标识符特性者宜为实体；实体内部属性不应与其他实体发生联系。

（3）确定联系实体

确定联系实体的任务是确定联系、给该联系命名及给出关键字（key），并对联系进行测度。

确定联系实体的方法主要有两种。一种是参照联系的类型来确定联系实体，即依附型的必然建立联系实体；强制型的必然建立联系实体；条件型的在条件满足时建立联系实体；任选型的灵活机动地处理，一般不建立联系。另一种是使用匹配的方法看实体间是否完成同一功能处理，是则建立联系，否则不建立联系。给联系命名时与确定基本实体时命名的原则一样。

在维修管理中，物业管理人员要对维修申请单进行登记、审批、派工、执行、回访、归档等处理，"物管人员"与"维修申请单"两个基本实体之间分别是维修登记、维修审批、维修派工、维修执行、维修回访、维修归档等联系实体。

（4）确定属性

确定属性阶段的主要任务就是进行属性分配，并给属性命名。

确定属性的主要方法和原则有：参照"数据分类表"和"数据元素表"中的信息；功能相关性，即说明属性与对象标识属性用于处理同一应用功能，应用上一起使用，产生同一结果；函数依赖相关性；描述相关性；产生冲突时，将该属性放到使用频率最高的实体中去；唯一标识者；关系规范化理论；不轻易引入导出属性；避免出现空值；要利于稳定；对于剩余的属性应另建实体。

在房产管理中，基本实体"住宅小区"的属性取为：住宅小区名、总占地面积、总建筑面积、总绿化面积、建蔽率、容积率、小区外观图、小区平面图、小区消防分布图等。基本实体"大楼"的属性可取为：大楼编号、大楼名称、占地面积、建筑面积、大楼高度、大楼层数、大楼外观、大楼结构等。在维修管理中，联系实体"维修审批"的属性取为：维修申请单编号、审批意见等。

当一个局部结构的基本实体、联系实体、属性确定以后，就可以得到该局部结构的局部 E-R 图。在房产管理的局部 E-R 图中，又包括城市、行政区、住宅小区、大楼、房屋、设施、停车场、车位、车辆、业主、物管人员、大修公司、房产大修计划共 13 个基本实体，以及行政区划、小区区位、大楼区位、房屋区位、停车场区位、设施区位、车位区位、车位购买、车位租用、车辆拥有、车辆停放、编制、房产大修、大修验收共 14 个联系实体。各实体属性列于各自实体名后的括号中，其中有下画线的属性为各自的关键字。

（5）集成处理

集成处理也就是合并实施，在这一阶段消除冲突是其主要任务。由于不同的设计人员，不同的应用观点，不同的语义理解和需求分析的遗漏与错误，产生了如命名冲突（包括同名异义和同义异名）、属性冲突（包括属性值的类型冲突、长度冲突、标准冲突、值集冲突）、结构冲突（包括属性组成冲突、存在地位冲突）等多种冲突。

对于命名冲突和属性冲突采用讨论、协商等行政手段解决，结构冲突则要认真分析后才能解决。例如，在房产管理中有一个联系实体"验收"，它指的是房产大修的验收处理，而在客户管理中有两个联系实体"验收"，它们分别指的是房屋的接收验收和房屋的装修验收，这是一个典型的同名异义的命名冲突，合并时将它们分别改称为"大修验收"、"房屋验收"、"装修验收"以示区别；在行政人事管理中，有基本实体"员工"，而在房产管理、客户管理、维修管理中也有基本实体"物管人员"，实际上它们指的是同一个基本实体，这是一个同义异名的命名冲突，合并时将它们都用基本实体"物管人员"取代。

7.5.3　实体及相应的属性

居民意见（疑问识别号，疑问内容，室户代码，登记时间，是否解决，备注）；业主缴费信息（交费记录码，室户识别码，交费时间，上次结余，交费类型，账单代码，交费金额，收款人，业主账户结余，备注）；数据表结构见表设施登记表（设施号，管理权属，启用时间，最后检修时间，使用年限，状态）；卫生登记表（区块号，管理权属，面积，最后检查时间，状态）；绿化登记表（区块号，管理权属，面积，植物种类，最后检查时问，状态）；通知通告（通告识别码，发布内容，发布时间，有效期，发布单位）。

7.6　输入输出

在系统的 9 大功能模块中，每个功能模块均设有基础数据设置功能、查询统计分析功能。基础数据设置功能主要用于对该功能模块的一些数据和变量进行预设置，以利于以后的调用。例如，在收费管理中，可将各种收费标准先行设定，计算物业管理费用时将该数据调入公式计算即可。若收费标准改变，则只需在基础数据设置时改变"收费标准"，系统程序不需作任何调整，这样就增加了系统的适应性和灵活性。查询统计分析功能则主要用于该功能模块的输出处理，将结果以图形或表格的形式输出。系统对数据安全性有着严格的控制，登录使用该系统，需要认证管理人员权限信息，对数据的修改与查询都有着不同的权限设置。系统允许设置 1～2 个系统管理员账号，该账号能够设置、限制其他中级用户的权限，包括对数据库的操作可细分到单类表格的操作。同时，在用户设置方面允许添加、删除系统使用人员。

对人员的每次登录与修改，系统自动将登录信息记录到数据库。对于非权限开放用户，系统将禁止其进行登录操作。对于权限受限用户，系统自动屏蔽其不可用操作，以保证系统正常运行，维护数据资料的安全性。

复习与思考题

1. 什么是智能化物业管理？
2. 智能化物业管理的目的是什么？
3. 智能化物业管理有哪些基本内容？
4. 智能化物业管理有哪些作用？

第8章 楼宇智能化的综合布线

综合布线是智能建筑的中枢神经系统，是建筑智能化必备的基础设施。综合布线系统是建筑物内部以及建筑物之间的信息传输网络。系统采用高质量得到标准材料，以模块化的组合方式，把语音、数据、图像系统和部分控制系统用统一的传输介质进行综合，方便地组成一套标准、灵活、开放的传输系统。

8.1 综合布线的特点及结构

在智能楼宇（或小区）的建筑物（或建筑群）中，为了满足信息传递与楼宇管理的需要。除了计算机网络外，还包括电话交换、数据终端、视频设备、采暖通风集成控制、传感器信息采集、消防系统、监控系统以及能源控制系统等。因此，要根据不同需要配置各种布线系统，将上述各种设备连接在一起。智能楼宇的综合布线示意图如图 8-1 所示。

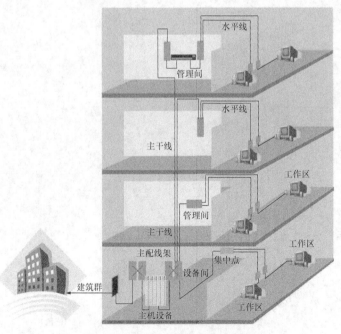

图 8-1　智能楼宇的综合布线示意图

8.1.1　综合布线的特点

综合布线的特点主要表现在兼容性、开放性、灵活性、可靠性、先进性和经济性，而且在设计、施工和维护方面也给人们带了诸多方便。

（1）兼容性

综合布线系统将语音信号、数据信号和监控设备的图像信号的配线经过统一的规划和设计，采用相同的传输介质、信息插座、交连设备、适配器，把这些性质不同的信号综合到一套标准的布线系统中。由此可见，这个系统比传统布线大为简化，这样可节约大量的物质、时间和空间。在使用时，用户可不定义某工作区的信息插座的具体应用，只要把某种终端设备（如计算机、电话、视频设备等）接入这个信息插座，然后在管理间和设备间的交连设备上做相应的跳线操作或软件识别锁定，这样这个终端设备就被接入需要的系统中去了。

（2）开放性

综合布线系统用于采用开放式体系结构，符合多种国际上流行的标准，因此，它几乎对所有著名厂商的产品都是开放的，如 IBM、HP、DEC、DELL 的计算机设备，AT&T、NT、NEC 等交换机设备。它对几乎所有通信协议也是开放的，如 EIA-232-D、RS-422、RS423、Ethernet、TokenRing、FDDI、CDDE、ISDN、ATM 等。

（3）灵活性

综合布线系统由于所有信息系统皆采用相同的传输介质、物理星型拓扑结构，因此，所有信息通道都是通用的。每条信息通道可支持电话、传真、多用户终端。10BASE-T 工作站及令牌环工作站（采用 5 类连接方案，可支持 100BASE-T 及 ATM 等）所有设备的开通及更改均不需要改变系统的布线，只需增减相应的网络设备以及进行必要的跳线管理即可。另外，系统组网也可灵活多样，甚至在同一房间可有多用户终端，10BASE-T 工作站、令牌环工作站并存，为用户信息提供了必要条件。

（4）可靠性

综合布线系统采用高品质的材料和组合压接方式构成一套高标准信息通道。所有器件均通过 UL、CSA 及 ISO 认证，每条信息通道都要采用专门仪器校核线路阻抗及衰减率，以保证其电气性能。系统布线全部采用星型拓扑结构，点到点端接，任何一条线路故障均不影响其他线路的运行，同时为线路的运行维护及故障检修提供了极大的方便，从而保障了系统的可靠运行。各系统采用相同传输介质，因此，可互为备用，提高了备用冗余。

（5）先进性

综合布线系统应用极富弹性的布线概念，采用光纤与双绞线混布方式，极为合理地构成一套完整的布线系统。所有布线均采用世界上最新通信标准，信息通道均按 B-ISDN 设计标准，按 8 芯双绞线配置，通过 5 芯双绞线，数据最大速率可达 155Mbit/s，对于特殊用户需求可把光纤铺到桌面（Fiber-to the Desk）。干线光缆可设计为 500MHz 带宽，为将来的发展提供了足够的裕量。通过主干道可同时传输多路实时多媒体信息，同时物理星型的布线方式为将来发展交换式的网络奠定了坚实基础。

（6）经济性

综合布线系统在经济性方面比传统布线系统也有其优越性。综合布线系统与传统布线系统的比较如表 8-1 所示。

表 8-1 综合布线系统与传统布线系统的比较

	综合布线系统	传统布线系统
传输介质	※ 以双绞线传输 （单一的传输介质） ※ 电话、计算机以及图像设备互用	※ 电话使用专门的电话线 ※ 计算机及网络使用同轴电缆 ※ 计算机、电话线不能公用
不同数据及语音相同的处理方式	※ 从配线架到墙上插座完全统一，适合不同计算机主机和电话系统使用 ※ 提供 IBM、DEC、HP 等系统的连接，以及 Ethernet、TPDDI、TorkenRing 的连接 ※ 计算机终端，电话机和其他网络设备的插座可互用且完全相同 ※ 移动计算机设备、电话设备十分方便 ※ 单一插座可接一部电话机和一个终端机	※ 各种不同计算机及网络用不同的电缆并使用不同的结构，线路无法共用也无法通用 ※ 计算机和电话机插座不能互用 ※ 移动电话机和计算机时必须重新布线
标准化问题	※ 满足商用建筑标准 EIA/TIA-568 EIA/TIA-569 EIA/TIA-TSB-36 EIA/TIA-TSB-40	※ 无统一国际标准可遵循

8.1.2 综合布线系统的结构

图 8-2 所示为综合布线系统的网络图。综合布线系统由数据网络（计算机通信系统）、语音网络（电话通信系统）、有线电视网络（CATV 系统）3 个子系统构成。全面反映综合布线的工作区子系统、水平区子系统、管理区子系统、主干区子系统、设备间子系统和建筑群接入 6 个基本组成部分。

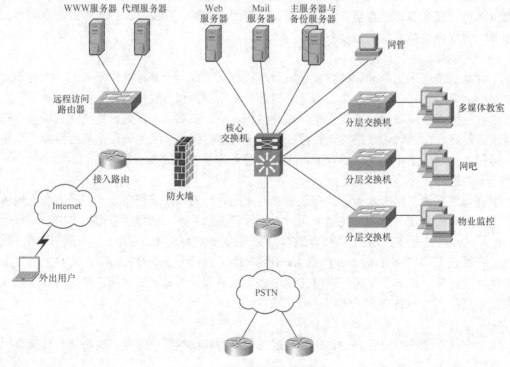

图 8-2 综合布线系统的网络图

计算机通信系统由路由器、交换机、光纤收发器、光纤盒、配线架、信息模块等组成，电话通信系统由程控交换机、配线架和模块构成，CATV 系统由有线电视放大器、分配器和模块构成。

综合布线的结构应该是开放式的，它应由各个相对独立的部件组成，改变、增加或重组其中一个布线部件并不会影响其他子系统，将应用系统的终端设备与信息插座或配线架相连可支持多种应用，如传输语音、数据、多媒体等信号。但完成这些连接所用设备不属于综合布线系统。

综合布线采用的主要布线部件有建筑群配线架（CD）、建筑群干线电缆及干线光缆、建筑物配线架（BD）、建筑物干线电缆及干线光缆、楼层配线架（FD）、水平电缆及光缆、转接点（选用）（TP）、信息插座（TO）等。

综合布线可分为 3 个布线子系统，即建筑群干线子系统、建筑物干线子系统和配线子系统，各个布线系统连接的原理图如图 8-3 所示。

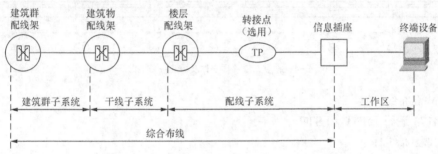

图 8-3　综合布线原理图

综合布线是一种分级星型结构。其子系统的种类和数量由建筑群或建筑物的相对位置、区域大小及信息插座的密度而定。如果一个综合布线区域只含一栋建筑物，其主配线点就在建筑物配线架上，这时就不需要建筑群子系统。

8.2　综合布线系统工程设计

综合布线系统（Premise Distrbution System，PDS）又称结构化布线系统（Structure Cabling System，SCS）技术，主要研究建筑群体内传输网络的连接方式。PDS 主要用于语音和数据通信设备、交换设备和其他信息管理系统的统一化连接，包括建筑外部网络和电信线路的连线点及群体内各个信息点之间所有布线接插部件及标准线缆（见图 8-4）。

8.2.1　综合布线系统标准

（1）国际布线标准

国际标准化组织/国际电工技术委员会（ISO/IEC）制定的标准，即 ISO/IEC11801：1995（E）《信息技术—用户建筑物综合布线》。

（2）美国国家标准协会制定的标准

ANSI/TIA/EIA586A《商业建筑物电信布线标准》，ANSI/TIA/EIA569A《商业建筑物电信布线路径及空间标准》和 ANSI/TIA/EIA TSB—67《非屏蔽双绞线布线系统传输性能现场测试规范》等。

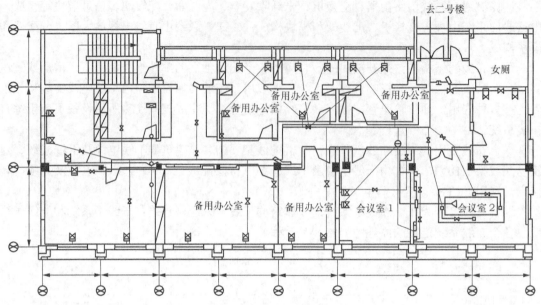

图 8-4　楼层布线接插部件及标准线缆平面图

（3）欧洲布线标准

EN50173 适用于 FTP 和 STP。

（4）中国布线标准

GB/T 50311—2007《建筑与建筑群综合布线系统工程设计规范》；GB/T 50312—2007《建筑与建筑群综合布线系统工程验收规范》等。

（5）家居布线标准

家居布线标准有 ANSI/TIA/EIA570A 等。

综合布线标准的目的是：规范一个通用语音和数据传输的电信布线标准，以支持多设备、多用户的环境；为服务于商业的电信设备和有线产品的数据提供方向；能够对商用建筑中的结构化布线进行规划和安装，使其满足用户的多种电信要求；为各种类型的缆线、连接件以及布线系统的设计和安装建立性能和技术标准等。综合布线标准的范围针对的是"商业办公"电信系统；而布线系统的使用寿命要求在 10 年以上。图 8-5 所示为桥架综合布线图。

图 8-5　桥架综合布线图

综合布线标准内容包括所用介质、拓扑结构、布线距离、用户接口、缆线规格、连接件性能、安装程序等。几种布线系统涉及的范围和要点如下：配线子系统，涉及水平配线架、水平电缆、缆线出入口/连接器、转换点等；干线子系统，涉及主配线架、中间配线架、建筑外主干缆线、建筑内主干缆线等；UTP 布线系统，其传输特性划分为 4 类缆线，即 5 类、4 类、3 类、超 4 类；光纤布线系统，在光纤布线中分配线子系统和干线子系统，它们分别使用不同类型的光纤，即配线子系统使用（62.5/125）μm 多模光纤（入出口有两条光纤）。光纤子系统使用（62.5/125）μm 多模光纤或（8.3/125）μm 单模光纤。

8.2.2　综合布线系统的设计等级

建筑物综合布线系统的设计等级完全取决于客户的需求，不同的要求可给出不同的设计等级。通常，综合布线系统设计等级可以分为 3 大类，即基本设计型等级、增强型设计等级和综合型设计等级。

（1）基本型设计等级

基本型配置如下。

① 每个工作区有一个信息插座。

② 每个信息插座的配线电缆是一条 4 对非屏蔽双绞线对称电缆（这种电缆是具有特殊交叉方式及材料结构，能够传输高速率数字信号的对绞线对称电缆，不是一般的市话通信电缆）。

③ 接续设备全部采用夹接式交接硬件（这里所说的夹接式交接硬件是指夹接或绕接的固定连接方式的交接设备）。

④ 每个工作区的干线电缆至少有 2 对双绞线。

主要特征如下。

① 能支持语音、数据或高速数据系统使用。

② 能支持多种计算机系统的数据传输。

③ 工程造价较低，基本采用铜芯导线电缆组网。

④ 这是目前适用我国的布线方案，较为广泛应用，且可适应今后发展要求，逐步向高级的综合布线系统发展。

⑤ 便于日常维护管理，技术要求不高。

⑥ 采用气体放电管式过压保护和能够自恢复的过流保护。

主要应用场合如下：

这种类型适用于目前大多数的场合，因为它具有要求不高，经济有效，且能适应发展，逐步过渡到较高级别等特点。因此，目前一般用于配置标准较低的场合。

图 8-6 所示为基本型配置示意图。

（2）增强型设计等级

增强型配置如下。

① 每个工作区应为独立的配线子系统，有两个以上的信息插座。

② 每个信息插座的配线电缆是两条 4 对非屏蔽双绞线对称电缆。

③ 接续设备全部采用夹接式插接式交接硬件（插接式交接硬件是采用插头和插座连接方式的交接设备）。

④ 每个工作区的干线电缆至少有 3 对双绞线。

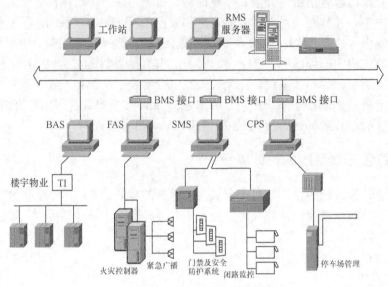

图 8-6 基本型配置示意图

主要特征如下。

① 每个工作区有两个以上的信息插座，不仅灵活机动、功能齐全，还能适应发展要求。

② 任何一个信息插座，都可提供语音和数据系统等多种服务。

③ 采用铜芯导线电缆和光缆混合组网。

④ 可统一色标，按需要利用端子板进行管理，维护简单方便。

⑤ 能适应多种产品的要求，具有适应性强、经济有效等特点。

⑥ 采用气体放电管式过压保护和能够自恢复的过流保护。

主要应用场合如下：

这种类型能支持语音和数据系统使用，具有增强功能，且有适应今后发展的余地，适用于中等配置标准的场合。

（3）综合型设计等级

综合型配置如下。

① 在基本型或增强型综合布线系统的基础上增设光缆系统，一般在建筑群主干布线子系统和建筑物主干布线子系统上，根据需要采用多模光缆或单模光缆。

② 每个基本型或增强型的工作区设备配置，应满足各种类型的配置要求。

主要特征如下。

① 每个工作区有两个以上的信息插座，不仅灵活机动、功能齐全，还能适应今后的发展要求。

② 任何一个信息插座，都可提供语音和数据系统等多种服务。

③ 采用光缆为主与铜芯导线电缆混合组网。

④ 利用端子板进行管理，使用统一色标，简单方便，有利于维护。

⑤ 能适应多种产品的要求，具有适应性强、经济有效等特点。

主要应用场合如下。

　　这种类型功能齐全，能满足各种通信要求，适用于配置标准很高的场合，如规模较大的智能化建筑等。

　　各种线缆布线图如图 8-7 所示。

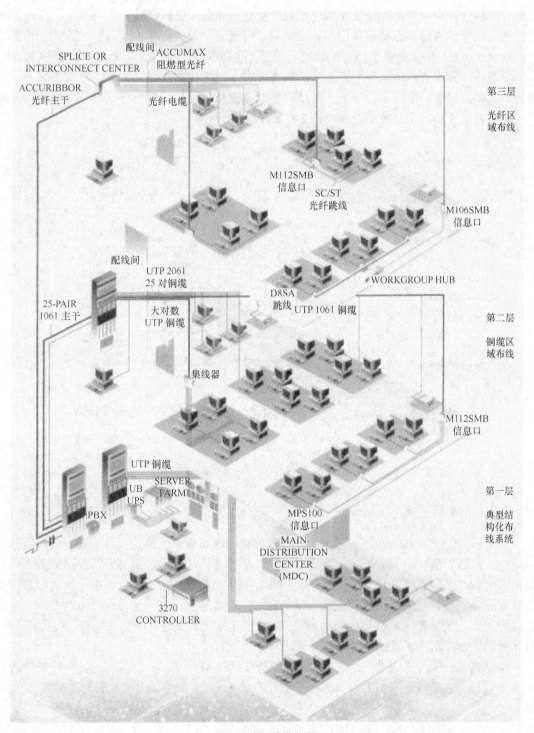

图 8-7　各种线缆布线图

8.3　工作区子系统设计

工作区子系统（WorkArea Subsystem）是一个可以独立设置终端设备的区域，该子系统把所有的媒体接口标准化为模块化插座或光纤插座，实现工作区终端设备与水平子系统之间的连接。工作区内信息点的数量根据相应的设计等级要求设置。基本型：1 个信息插座/工作区；增强型：2 个信息插座/工作区。对于一般系统可按基本型配置，那么每个工作区只有一个信息插座，即单点结构。每个工作区的服务面积一般可按 $5\sim10m^2$ 估算。通常情况下，采用嵌入式信息插座。工作区的每个信息插座都应该支持电话机、数据终端、计算机及监视器等终端设备。工作区子系统布线图如图 8-8 所示。

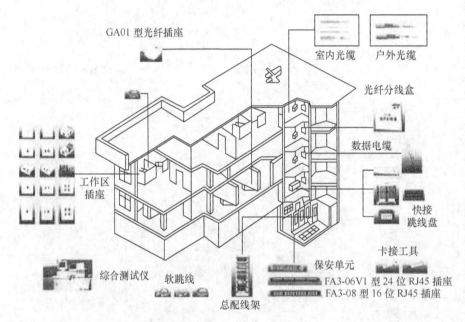

图 8-8　工作区子系统布线图

8.3.1　水平子系统设计

水平子系统（HoriZontal Subsystem）实现信息插座和管理子系统（跳线架）间的连接，将用户工作区引至管理子系统，并为用户提供一个符合国际标准，满足语音及高速数据传输要求的信息点出口。水平子系统存在于水平跳接（HC）和插座之间。水平电缆可为 UTP（非屏蔽双绞线）、STP（独立屏蔽双绞线）或光纤。一般建筑物，水平电缆采用 4 对 UTP（非屏蔽双绞线），它能支持大多数现代通信设备。在水平子系统有高速率应用的场合，应采用光缆，即光纤到桌面。水平子系统采用地板下管道布线方法。

确定线缆长度可采用以下方法：平均电缆长度=$(F+N)/2$，电缆平均走线长度=平均电缆长度＋备用长度（平均电缆长度的 10%）＋端接容差 6m。每个楼层用线量的计算公式如下：

$$C=[0.55(F+N)+6])\times n\ (m)$$

式中，C——每个楼层的用线量；

　　　F——最远的信息插座（IO）离配线间的距离；

　　　N——最近的信息插座（IO）离配线间的距离；

　　　n——为每楼层的信息插座（IO）的数量。

整座楼的用线量＝MC(m)（M 为楼层数）。水平布线子系统要求在 90m 的距离范围内，这个距离范围是指从楼层接线间的配线架到工作区的信息点的实际长度。与水平布线子系统有关的其他线缆，包括配线架上的跳线和工作区的连线总共不应超过 90m。一般要求跳线长度小于 6m，信息连线长度小于 3m。

8.3.2　垂直干线子系统设计

垂直干线子系统（Riser Backbone Subsystem）应由设备间的配线设备和跳线以及设备间至各楼层分配线间的连接电缆组成。在确定垂直子系统所需要的电缆总对数之前，必须确定电缆中语音和数据信号的共享原则。对于基本型，每个工作区可选定 2 对双绞线，对于增强型每个工作区可选定 3 对双绞线，对于综合型每个工作区可在基本型或增强型的基础上增设光缆系统。

8.3.3　设备间子系统设计

设备间容纳了布线系统的设备及配线架，用于服务整个布线系统。设备间子系统（Equipment Subsystem）主要是由设备间中的电缆、连接器和有关的支撑硬件组成，其作用是将计算机、PBX（程控交换机）、摄像头、监视器等弱电设备互连起来并连接到主配线架上。设备间内的所有进线终端设备应采用色标区别各类用途的配线区。

设备间位置及大小应根据设备的数量、规模、最佳网络中心等内容综合考虑确定。设备间的使用面积可按照下述方法确定，即

$$S=KA$$

式中，S——设备间的使用面积，m^2；

　　　A——设备间的所有设备台（架）的总数；

　　　K——系数，取值（4.5～5.5）m^2/台（架）。

设备间最小使用面积不得小于 20m^2。

8.3.4　电信间子系统设计

电信间子系统（Telecommunication Subsystem）设置在楼层分配线设备的房间内，包括配线间（包括设备间、二级交接间）和工作区的线缆、配线架及相关接插线等硬件以及其交接方式、标识和记录。跳接和对接允许将通信线路定位或重定位到建筑物的不同部分，以便能更容易地管理通信线路，在移动终端设备时能方便地进行插拔。

管理间子系统采用单点管理双交接。交接场的结构取决于工作区、综合布线系统规模和选用的硬件。在管理规模大、复杂、有二级交接间时，才设置双点管理双交接。在管理点，再根据应用环境用标记插入条来标出各个端接场。

结构化布线标记是管理布线的一个重要组成部分。完整的标记应提供下列信息：建筑物的名称、位置、区号、起始点和功能。

标记底色含义如下：

蓝色——对工作区的信息插座（To）实现连接；

白色——实现干线和建筑群电缆的连接；

灰色——配线间与二级交接间之间的连接；

绿色——来自电信局的输入中继线；

紫色——来自 FDX 或数据交换机之类的公用系统设备连线；

黄色——来自控制台或调制解调器之类的辅助设备的连线；

橙色——多路复用输出。

8.3.5　建筑群干线子系统设计

建筑群子系统（Campus Backbone Subsystem）由两个以上建筑物的电话、数据、监视系统组成一个建筑群综合布线系统，其连接各建筑物之间的缆线和配线设备，组成建筑群子系统。

建筑群子系统应采用地下管道敷设方式，管道内敷设的铜缆或光缆应遵循电话管道和入孔的各项设计规定。此外，安装时至少应预留 1～2 个备用管孔，以供扩充之用。

建筑群子系统采用直埋沟内敷设时，如果在同一个沟内埋入了其他的图像、监控电缆，应设立明显的共用标志。

8.4　综合布线工程实例（校园网综合布线实施）

校园网正逐渐成为各学校必备的信息基础设施，其规格和应用水平将是衡量学校教学与科研综合实力的一个重要标志。很多学校准备利用假期组建校园网，特别是利用暑期进行校园网基础设施的铺设。要想组建高性能、低成本的校园网，综合布线的好坏至关重要，较好的综合布线系统如同给校园网打了一个好的地基。校园网综合布线图如图8-9 所示。

8.4.1　综合布线目标

综合布线系统是建筑物或建筑群内的传输网络，是计算机网络的线路基础。它使语音与数据通信设备、交换设备和其他信息管理系统彼此相连，也使这些设备与外部通信网络相连。结构化布线设计应该满足以下目标。

（1）满足要求，兼顾发展

布线设计必须能够满足学校各楼宇、实验室、图书馆等的主要业务需求，并能兼顾未来的发展需要。

（2）易于扩展

预留空间符合当前和以后的信息传输需要，保证较好的扩展性和足够的升级空间。

（3）遵从标准

采用星型布线系统设计，遵从国际（ISO/IEC 11801）标准和国内相关标准，布线系统采用国际标准建议的星型拓扑结构。星型拓扑结构现场布置图如图 8-10 所示。

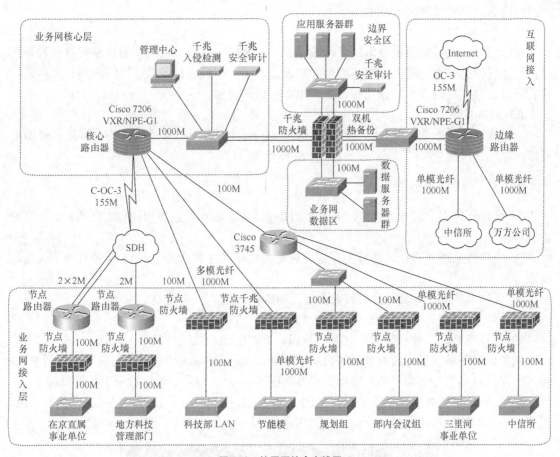

图 8-9　校园网综合布线图

图 8-10　星型拓扑结构现场布置图

（4）高质传输，适应面广

布线系统应该能够支持语音、数据等综合信息的高质量传输，并能适应各种不同类型、不同厂商的计算机及网络产品的需要。

（5）统一出口

线路规范布线系统的信息出口采用国际标准的RJ-45插座，以统一的线路规格和设备接口，使任意信息点都能接插不同类型的终端设备，如计算机、打印机、网络终端、电话机、传真机等，以支持语音、数据、图像及多媒体信息的传输。

（6）预备互连

国际接轨布线系统，符合综合业务数据网（ISDN）的要示，以便与国内、国际其他网络互连。

8.4.2　综合布线原则及方式

① 性价比原则。选择的线缆、接插件、其他设备应具有良好的物理和电气性能，而且价格适中。

② 实用性原则。设计、选择的系统应满足用户在现在和未来10～15年内对通信线路的要求。

③ 灵活性原则。做到信息口设备合理，可即插即用。

④ 扩充性原则。尽可能采用易于扩展的结构和接插件。

⑤ 易管理原则。便于管理，有统一标识，方便配线、跳线。

机房的布线系统直接影响到未来机房的功能，一般布线系统要求布线距离尽量短而整齐，排列有序。具体的方式有"田"字形和"井"字形两种："田"字形较适用于环形机房布局，"井"字形较适用于纵横式机房布局，它的位置可安排在地板下，也可吊顶安装，各有特点。机房的布线结构图如图8-11所示。

图 8-11　机房的布线结构图

8.4.3　综合布线要点

地板布线是最常见的布线方式，其充分利用了地板下的空间，但要注意地板下的漏水、鼠害和散热问题，还应保证在每个机柜下方开凿相应的穿线孔（包括地板和线槽）。

吊顶布线特别适合于经常需要布线的机房，此方式中吊顶内包含了各种电源布线、弱电布线，在每个机柜上方开凿相应的穿线孔（包括地板和线槽），当然也要注意漏水、鼠害和散热问题。具体布线的内容有：电源布线、弱电布线和接地布线。其中电源布线和弱电布线均放在金属布线槽内，具体的金属槽尺寸可根据线量的多少并考虑一定的发展余地（一般为100mm×50mm 或 50mm×50mm）。电源线槽和弱电线槽之间的距离应保持至少 5cm 以上，不能互相穿越，以防止相互之间的电磁干扰。

电源布线：在新机房装修进行电源布线时，应根据整个机房的布局和 UPS 的容量来安排，在规划中的每个机柜和设备附近安排相应的电源插座，插座的容量应根据接入设备的功率来确定，并留有一定的冗余，一般为 10A 或 15A。电源的线径应根据电源插座的容量并留有一定的冗余。

弱电布线：弱电布线中主要包括同轴细缆、5 类网线和电话线等，布线时应注意在每个机柜、设备后面都要有相应的线缆，并应考虑以后的发展需要，各种线缆应分门别类用尼龙编织带捆扎好。

接地布线：由于新机房内部都是高性能的计算机和网络设备，故对接地应有严格要求，接地也是消除公共阻抗、防止电容耦合干扰，保护设备和人员的安全、保证计算机系统稳定可靠运行的重要措施。在机房地板下应布置信号接地用的铜排，以供机房内各种接地需要，铜排再以专线方式接入该处的弱电信号接地系统。

综合布线重点显然就是"光缆"。很多校园网络在园区地埋或室外架设多模光纤，为吉比特网络和 ATM 网络打下了坚实的基础。同时，提供了高带宽、高传输性、高抗干扰能力支持。光缆按芯数分为四芯、六芯、八芯 3 种；按铺设方式分为架空、直埋两种；按支持的距离分为多模（2km 以内）、单模（2km 到几十 km）。其接续方式常见的是熔接、研磨、压接及耦合。常用的光纤产品有光缆、光纤耦合器、光纤。

8.4.4 综合布线方案

以交换式吉比特以太网作为校园网的主干，按 10M/100Mbit/s 交换式子网方式接入。校园网布线设计一般采用多级物理星型结构、点到点连接，任何一条线路故障均不会影响其他线路的正常运行。网络采用分布式三层交换体系，二级交换机具有第三级交换能力，主干线路压力小，而且全部实现百兆交换入室。三级交换机可以堆迭，能将一个主干和桌面交换机组成一个整体，提供足够的交换口，可扩展性好。主干网选用吉比特以太网，其第三层以太网路由器交换机大都满足 IEEE802.3Z 标准，技术成熟，具有流量优先机制，能有效保证多媒体传输时的服务质量（Quality of Service，QoS）。

吉比特以太网具有良好的兼容性的可扩展性，在 ATM 技术成熟时可平滑集成到 ATM 网络中，作为 ATM 网的边缘子网。工作组子网可选用 100Mbit/s 交换模式。使用户终端独占100Mbit/s 带宽的数据交换。在核心交换机与工作组交换机之间采用 100Mbit/s 传输带宽，当使用全双工时，传输带宽为 200Mbit/s。

8.4.5 综合布线过程

布线前询问客户对网络的需求，现场勘察建筑，根据建筑平面图等资料计算线材的用量，信息插的数目和机柜定位、数量，做出综合布线调研报告。根据前期勘察数据做出布线材料预算表、工程进度安终端器、各种接口形式的光纤跳线、光纤接续设备排表。

线路测试是在布线完工后用专用仪器按 EIA/ TIA TSB—67《非屏蔽双绞线系统与性能验收规范》对系统进行全面测试，并提交测试报告。信息点测试一般采用 12 点测试仪，主要测试通断情况。深度测试用美国 Fluke DSP—100 线缆测试仪，根据 TSB—67 标准，对接线图（Wire Map）、长度（Length）、衰减量（Attenuation）、近端串扰（NEXT）、传播延迟（Propaga2 tion Delay）5 个方面进行数据测试，可打印出详细的测试报告。

线路测试后，选择若干节点，连接网络设备进行联通测试并提交。施工后打印出测度报告，学校以测试报告为标准对整个布线作出判断和结论。在施工质量达到合同要求、性能测试合格和软件验收合格的前提下，双方签字认定工程验收合格。

网络硬件系统验收：校方可以在线路测试和系统联调阶段派技术人员参加测试验收。也可在施工方提交测试报告后，组织技术人员进行复测验收。

网络软件系统验收：检查应配置软件是否齐全，并逐一进行操作检验。软件应运行畅通，圆满实现各种功能。

技术资料移交验收：承建方向校方移交设计、施工、配线等全部资料，校方由专人清点接收归档管理以备查。

要想组建高性能、低成本的校园网，综合布线的好坏至关重要。好的综合布线系统如同给校园网打下了一个好的地基。通过本文的介绍，我们可以了解到创建合格校园网的综合布线，是为高质量的校园网打下良好的基础。

复习与思考题

1. 综合布线系统的组成部分有哪些？有何特点？
2. 综合布线系统工程设计的主要内容有哪些？
3. 综合布线系统工程设计应掌握哪些主要原则？
4. 综合布线系统的设计标准有几类？分别列出具有代表性的技术规范。
5. 综合布线系统设计等级有几类？有什么具体要求？
6. 水平布线子系统设计时应注意哪些问题？可以选择哪些线缆？
7. 垂直干线子系统设计有哪些内容？应注意哪些问题？
8. 管理子系统有哪些管理方式？交连管理有哪几种管理方式？画出各自的交连图形。
9. 管理间和设备间有什么区别？它们对环境有什么要求？
10. 建筑群干线子系统的特点是什么？

第 9 章 组态监控技术的学习

9.1 监控技术的组态软件

随着科学的不断发展和创新，计算机知识已渗透众多专业与领域，也已成为工程技术人员一项必须掌握的技能。所以计算机控制技术是各专业教学的重要环节，科学地进行实训过程是工程技术人员必备的技术素质。为突破传统的学科教育对学生技能培养的局限，本章从提高学生的全面素质出发，以培养应用能力，着重技术的传授和动手能力的培养，突出计算机组态技术的应用，培养学生在实践中分析和解决问题的能力。

什么是组态？在使用工控软件中，我们经常提到组态一词，组态的英文是"Configuration"，其意义究竟是什么呢？简单地说，组态就是用计算机应用软件中提供的工具、方法，组建各种控制画面和静、动态控制状态，完成工程中某一具体任务的过程。简单地理解，就是不再需要学习计算机语言编程设计，只要学会运用某些组态软件的应用，便能进行各种控制过程的监控设计。

9.1.1 工控组态软件的现状

组态软件大约在 20 世纪 80 年代在国外出现，在国内产生也仅有十几年的时间。

组态软件是工业应用软件的一个组成部分，其发展受到很多因素的制约。归根结底，应用的带动对其发展起着最为关键的推动作用。

未来的传感器、数据采集装置、控制器的智能化程度越来越高，实时数据浏览和管理的需求日益高涨，有的人甚至要求在自己的办公室里监督定货的制造过程。有的装置直接内嵌"Web Server"，通过以太网就可以直接访问过程实时数据。即使这样，也不能认为不再需要组态软件了。

用户要求的多样化，决定了不可能有哪一种产品囊括全部用户的所有要求，直接用户对监控系统人机界面的需求不可能固定为单一的模式，因此直接用户的监控系统是始终需要"组态"和"定制"的。这就导致组态软件不可能退出市场，因为需求是存在的。

所以，国内外对工控组态软件的发展是非常迅速的，2007 年度自动化行业最具影响力品牌评选报告——组态软件部分，揭示了国内十大品牌和国外十大品牌的组态软件供应商，如表 9-1 所示。

表 9-1   国内十大品牌和国外十大品牌的组态软件供应商

序号	国内部分品牌	国外部分品牌
1	亚控科技（组态王）	GE FANUC
2	三维力控（力控组态）	WONDERWARE
3	九思易（易控组态）	罗克韦尔
4	紫金桥	西门子
5	杰控（FameView）	悉雅特
6	昆仑通态	俄华通
7	浙大中控	柏元网控
8	世纪星	Wizcon
9	华富惠通	COPA-DAT
10	天工	azeotech

9.1.2　用户对组态软件的需求

随着工业自动化水平的迅速提高，计算机在工业领域的广泛应用，人们对工业自动化的要求越来越高，种类繁多的控制设备和过程监控装置在工业领域的应用，使得传统的工业控制软件已无法满足用户的各种需求。在开发传统的工业控制软件时，当工业被控对象一旦有变动，就必须修改其控制系统的源程序，导致其开发周期长；已开发成功的工控软件又由于每个控制项目的不同而使其重复使用率很低，导致它的价格非常昂贵；在修改工控软件的源程序时，倘若原来的编程人员因工作变动而离去时，则必须同其他人员或新手进行源程序的修改，因而更是相当困难。工业自动化组态软件的出现为解决上述实际工程问题提供了一种崭新的方法，因为它能够很好地解决传统工业控制软件存在的种种问题，使用户能根据自己的控制对象和控制目的的任意组态，完成最终的自动化控制工程。

中国的现代化建设正处于上升期，新项目的上马、基础设施的改造大量需要组态软件，另一方面，传统产业的改造、原有系统的升级和扩容也需要组态软件的支撑。

社会信息化的加速是组态软件市场增长的强大推动力。随着经济发展水平的提升，信息化社会将为组态软件带来更多的市场机会。

需求是推动其发展的第一动力，市场会逐步扩大。组态软件市场的崛起一方面为最终用户节省了系统投资，另外也为用户解决了实际问题。现在用户购买组态软件虽然也需要一定的投资，但是和以前相比，投资额得到了大大降低。使用组态软件，用户可以做到"花了少量的钱，办成了大事情"。

专用系统所占比例日益提高。组态软件的灵活程度和使用效率是一对矛盾，虽然组态软件提供了很多灵活的技术手段，但是在多数情况下，用户只使用其中的一小部分，而使用方法的复杂化又给用户熟悉和掌握软件带来很多不必要的麻烦。这也是现在仍然有很多用户还在自己用 VB 编写自动化监控系统的主要原因。在有些应用领域，自动监控的目标及其特性比较单一（或可枚举，或可通过某种模板自主定义、添加、删除、编辑），且数量较多，用户希望自动生成大部分自动监控系统，如电梯自动监控、动力设备监控、铁路信号监控等应用系统。这种应用系统具有一些"傻瓜"型软件的特征，用户只需用组态软件做一些系统硬件及其参数的配置，就可以自动生成某种特定模式的自动监控系统，如果用户对自动生成的监控系统的图形界面不满意，还可以进行任意修改和编辑，这样既满足了用户对简便性的要求，又同时配备了比较完善的编辑工具。

组态软件应该向更多的应用领域拓展和渗透。目前的组态软件均产生于过程工业自动化，很多功能没有考虑其他应用领域的需求。例如，化验分析（色谱仪、红外仪等，包括在线分析）、虚拟仪器（例如 LabView 的口号是 The Software is the Instrument）、测试（如测井、机械性能试验、碰撞试验等的数据记录与回放等）、信号处理（如记录和显示轮船的航行数据：雷达信号、GPS 数据、舵角、风速等）。这些领域大量地使用实时数据处理软件，而且需要人机界面，但是由于现有组态软件为这些应用领域考虑得太少，不能充分满足系统的要求，因而目前这些领域仍然是专用软件占统治地位。随着计算机技术的飞速发展，组态软件应该更多地总结这些领域的需求，设计出符合应用要求的开发工具，更好地满足这些行业对软件的需求，进一步减少这些行业在自动测试、数据分析方面的软件成本，提高系统的开放程度。

嵌入式应用进一步发展。在过去的十年间，工业 PC 及其相关的数据采集、监控系统硬件的销售额一直保持高额增长。工业 PC 的成长是因为软件开发工具丰富，比较容易上手，而用户接受工业 PC 的主要原因是一次性硬件成本得到了降低，但是后续的维护和升级费用明显高昂，经常带来一些间接损失。商品化嵌入式组态软件可以有效地解决工业 PC 监控系统的工作效率、维护和升级等问题，彻底摆脱个人行为的束缚，使工业 PC 监控系统大踏步走入自动化系统高端市场。

9.2 组态软件功能的变迁

由单一的人机界面朝数据处理机方向发展，管理的数据量越来越大。最早的组态软件用来支撑自动化系统的硬件。那时侯，硬件系统如果没有组态软件的支撑就很难发挥作用，甚至不能正常工作。现在的情况有了很大改观。一方面软件部分地与硬件发生分离，大部分自动化系统的硬件和软件现在不是由同一个厂商提供，这样就为自动化软件的发展提供了可以充分发挥作用的舞台。

实时数据库的作用将进一步加强。实时数据库存储和检索的是连续变化的过程数据，它的发展离不开高性能计算机和大容量硬盘，现在越来越多的用户通过实时数据库来分析生产情况、汇总和统计生产数据，作为指挥、决策的依据。

在最终用户的眼里，组态软件在一个自动化系统中发挥的作用逐渐增大，甚至有的系统就根本不能缺少组态软件。这其中的主要原因是软件的功能强大，用户也存在普遍的需求，广大用户在厂家强大的宣传攻势面前逐渐认清了软件的价值所在。

总而言之，组态软件发展到现在其功能已经非常完善了，具体介绍如下。

（1）组态软件完善，功能多样

组态软件提供工业标准数学模型库和控制功能库，组态模式灵活，能满足用户所需的测控要求。组态软件对测控信息的历史记录进行存储、显示、计算、分析、打印，界面操作灵活方便，具有双重安全体系，数据处理安全可靠。

（2）丰富的画面显示组态功能

组态软件提供给用户丰富方便的常用编辑工具和作图工具，提供大量的工业设备图符、仪表图符，还提供趋势图、历史曲线、组数据分析图等；提供十分友好的图形化用户界面（Graphics User Interface，GUI），包括一整套 Windows 风格的窗口、弹出菜单、按钮、消息区、工具栏、滚动条、监控画面等。画面丰富多彩，为设备的正常运行、操作人员的集中监控提供了极大的方便。

（3）强大的通信功能和良好的开放性

组态软件向下可以通过 Winteligent LINK，OPC，OFS 等与数据采集硬件通信；向上通过 TCP/IP，Ethernet 与高层管理网互连。对于 DDE 或 OPC 数据源，"标记/数值"对的列表会被传给 DDE 或 OPC 服务器和客户机（Server/Client），在服务器里写操作可能会组合在信息包里（取决于服务器的执行）。在数据库编辑器里添加了 Browse OPC Server Space OPC 地址浏览器，方便与 OPC 数据源的连接。

（4）多任务的软件运行环境、数据库管理及资源共享

组态软件基于 Windows NT、Windows XP、Windows 2000，充分利用面向对象的技术和 ActiveX 动态连接库技术，极大地丰富了控制系统的显示画面和编程环境，从而方便灵活地实现多任务操作。ActiveX 对象是一个由第三方供应商开发的、现成可以使用的软件组件。RSView32 可以通过它的属性、事件和方法来使用它所提供的功能。嵌入一个 ActiveX 对象，然后设定其属性或指定对象事件，该对象就可以与 RSView32 交互作用了。信息通过 RSView32 标记（Tags）在 ActiveX 对象和 RSView32 之间传递。

9.2.1　未来技术走势

很多新的技术将不断地被应用到组态软件当中，组态软件装机总量的提高会促进在某些专业领域专用版软件的诞生，市场被自动地细分了。为此，一种称为"软总线"的技术将被广泛采用。在这种体系结构下，应用软件以中间件或插件的方式被"安装"在总线上，并支持热插拔和即插即用。这样做的优点是：所有插件遵从统一标准，插件的专用性强，每个插件开发人员之间不需要协调，一个插件出现故障不会影响其他插件的运行。XML 技术将被组态软件厂商善加利用，来改变现有的体系结构，它的推广也将改变现有组态软件的某些使用模式，满足更为灵活的应用需求。

运行时组态是组态软件新近提出的新的概念。运行时组态是在运行环境下对已有工程进行修改，添加新的功能。它不同于在线组态，在线组态是在工程运行的同时，进入组态环境，在组态环境中对工程进行修改。而运行时组态是在运行环境中直接修改工程。运行时组态改变了以往必须进入复杂的组态环境修改工程应用的历史，给组态软件带来了新的活力，并预示着组态软件新的发展方向。

组态工程师可以在构建工程后，有预见地设计出该工程的扩展工具。扩展工具用来生成扩展工程时所需的画面、画面中的构件、连接的硬件设备、新的测点等。扩展工具完全是跟该工程或该应用领域相关，工具一般只包含针对该应用的有限的几种部件，但是却能够满足该工程以后扩展。因为让技术人员（非组态工程师）掌握这些工具比掌握包罗万象的开发环境要容易得多，因此用户自己稍加指导就很容易完成工程的后期维护工作。另外，由于扩展工具只提供有限的功能，让用户犯错误的机会也就小多了。

9.2.2　国际化及入世的影响

长期以来，中国的组态软件市场都是由国外的产品占主角，中国本土的组态软件进入国际市场还有很长的路要走，需要具有综合优势。中国的工程公司、自动化设备生产商在国际市场取得优势对组态软件进入国际市场也具有一定的推动作用。相信民族组态软件的崛起是迟早的事情。

与其他软件产品相比，组态软件和 IT 类软件不同，有自己的特殊性，具有系统的概念，使用范围也不是很广，面临的国际竞争没有其他类似办公软件或操作系统那样激烈，因此中国的本土软件很容易崛起。但是毕竟我们是跟在国外产品的后面发展起来的，要想全面超过国外的竞争对手，就必须坚持走好自己的道路，尽量减少效仿，突出特色，以客户需求为中心，积极创新。只有这样，本土的软件才能够具有稳固的根基。

9.3 工控组态软件的组成及特点

无论是美国 Wonderware 公司推出的世界上第一个工控组态软件 Intouch，还是现在的各类组态软件，从总体结构上看一般都是由系统开发环境（或称组态环境）与系统运行环境两大部分组成。系统开发环境是自动化工程设计师为实施其控制方案，在组态软件的支持下进行应用程序的系统生成工作所必须依赖的工作环境，通过建立一系列用户数据文件，生成最终的图形目标应用系统，供系统运行环境运行时使用。系统运行环境是将目标应用程序装入计算机内存并投入实时运行时使用的，是直接针对现场操作使用的。系统组态环境和系统运行环境之间的联系纽带是实时数据库，它们三者之间的关系如图 9-1 所示。

图 9-1　系统组态环境、系统运行环境和数据库关系图

9.3.1 工控组态软件的组成

组态软件由"组态环境"和"运行环境"两个系统组成。两部分互相独立，又紧密相关。其具体功能和相互联系如图 9-2 所示。

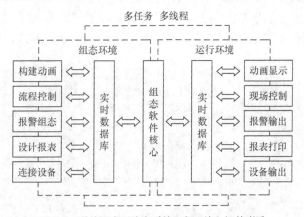

图 9-2　系统组态环境和系统运行环境之间的联系

9.3.2 工控组态软件的特点

在不同的工业控制系统中，工控软件虽然完成的功能不同，但就其结构来说，一般具有如下特点。

① 实时性：工业控制系统中有些事件的发生具有随机性，要求工控软件能够及时地处理随机事件。

② 周期性：工控软件在完成系统的初始化工作后，随之进入主程序循环。在执行主程序过程中，如有中断申请，则在执行完相应的中断服务程序后，继续主程序循环。

③ 相关性：工控软件由多个任务模块组成，各模块配合工作，相互关联，相互依存。

④ 人为性：工控软件允许操作人员干预系统的运行，调整系统的工作参数。在理想情况下，工控软件可以正常执行。

9.4 力控组态软件

本书作者授权采用力控组态软件为例，介绍组态软件的具体使用。因此要简要介绍一下力控组态软件。

力控 ForceControlV7.0 监控组态软件是北京三维力控科技根据当前的自动化技术的发展趋势，总结多年的开发、实践经验和大量的用户需求而设计开发的高端产品。V7.0 在秉承V6.1 成熟技术的基础上，对历史数据库、人机界面、I/O 驱动调度等主要核心部分进行了大幅提升与改进，重新设计了其中的核心构件。V7.0 开发过程采用了先进软件工程方法："测试驱动开发"，使产品的品质得到了充分的保证。与力控早期产品相比，V7.0 产品在数据处理性能、容错能力、界面容器、报表等方面产生了巨大飞跃。

从 1993 年至今，力控监控组态软件为国家经济建设做出了应有贡献，在石油、石化、化工、国防、铁路（含城铁或地铁）、冶金、煤矿、配电、发电、制药、热网、电信、能源管理、水利、公路交通（含隧道）、机电制造、楼宇等行业均有力控组态软件的成功应用。在国外，力控的多国语言版在荷兰、苏丹、埃及、印度尼西亚、马来西亚、孟加拉国、缅甸也都有应用实例，力控监控组态软件已经成为民族工业软件的一棵璀璨明星。

在今天，企业管理者已经不再满足于在办公室内直接监控工业现场，基于网络浏览器的Web 方式正在成为远程监控的主流，作为民族软件中国内最大规模 SCADA 系统的 WWW 网络应用的软件，力控监控组态软件的分布式的结构保证了发挥系统最大的效率。如图 9-3 所示，组态软件为满足企业的管控一体化需求提供了完整、可靠的解决方案。

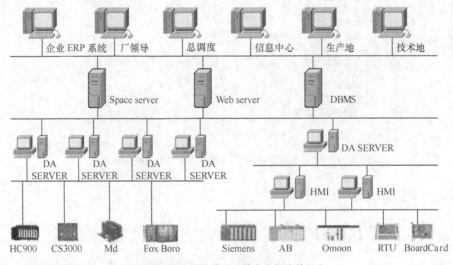

图 9-3 组态软件为企业信息化解决的方案

经过多年的实践与开发,力控科技为企业在生产监控、生产数据联网、企业生产调度等多个方面提供了系列软件产品,力控系列软件可以为企业提供"管控一体化"的整体解决方案,为企业 MES 系统提供核心历史数据"引擎",力控产品包括企业级实时历史数据库 pSpace、工业自动化组态软件 ForceControl、电力自动化软件 pNetPower、"软"控制策略软件 pStrategy和通信网关服务器。组态软件具体解决内容如图 9-4 所示。

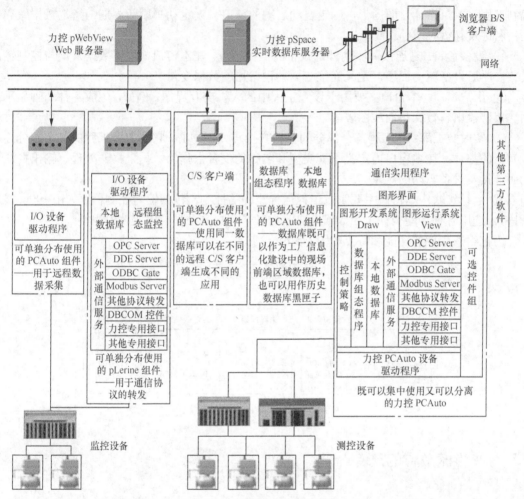

图 9-4 组态软件具体解决内容

（1）力控组态软件的主要指标

方便、灵活的开发环境,提供各种工程、画面模板,大大降低了组态开发的工作量;高性能实时、历史数据库,快速访问接口,在数据库 4 万点数据负荷时,访问吞吐量可达到 20 000次/秒;强大的分布式报警、事件处理,支持报警、事件网络数据断线存储,恢复功能;支持操作图元对象的多个图层,通过脚本可灵活控制各图层的显示与隐藏;强大的 ACTIVEX 控件对象容器,定义了全新的容器接口集,增加了通过脚本对容器对象的直接操作功能,通过脚本可调用对象的方法、属性;全新的、灵活的报表设计工具:提供丰富的报表操作函数集,支持复杂脚本控制,包括脚本调用和事件脚本,可以提供报表设计器,可以设计多套报表模板。

（2）力控组态软件 5 大组成部分

力控组态软件所建立的工程由主控窗口、设备窗口、用户窗口、实时数据库和运行策略 5 部分构成，每一部分分别进行组态操作，完成不同的工作，具有不同的特性。

① 主控窗口：是工程的主窗口或主框架。在主控窗口中可以放置一个设备窗口和多个用户窗口，负责调度和管理这些窗口的打开或关闭。主要的组态操作包括：定义工程的名称，编制工程菜单，设计封面图形，确定自动启动的窗口，设定动画刷新周期，指定数据库存盘文件名称及存盘时间等。

② 设备窗口：是连接和驱动外部设备的工作环境。在本窗口内配置数据采集与控制输出设备，注册设备驱动程序，定义连接与驱动设备用的数据变量。

③ 用户窗口：本窗口主要用于设置工程中的人机交互界面。例如，生成各种动画显示画面、报警输出、数据与曲线图表等。

④ 实时数据库：是工程各个部分的数据交换与处理中心，它将力控工程的各个部分连接成有机的整体。在本窗口内定义不同类型和名称的变量，作为数据采集、处理、输出控制、动画连接及设备驱动的对象。

⑤ 运行策略：本窗口主要完成工程运行流程的控制，包括编写控制程序（if…then 脚本程序），选用各种功能构件，如数据提取、定时器、配方操作、多媒体输出等。

力控组态软件的功能和特点如图 9-5 所示。

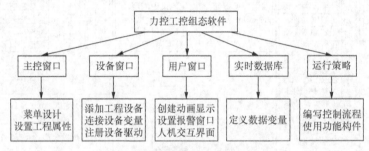

图 9-5　力控组态软件的功能和特点

9.5　力控组态软件的安装

9.5.1　安装要求

（1）软件环境要求

安装在 Windows XP SP3/Windows Server 2008/Windows7 简体中文版操作系统下，可以兼容模式运行在 64 位操作系统下。

（2）最低硬件环境要求

PentiumIII 500 以上的微型机及其兼容机；至少 64MB 内存；至少 1GB 的硬盘剩余空间；VGA、SVGA 及支持 Windows 256 色以上的图形显示卡。

（3）推荐硬件环境要求

Pentium 4 2.0 以上 512MB 内存；至少 1GB 的硬盘剩余空间；VGA、SVGA 及支持 Windows 256 色以上的图形显示卡。

9.5.2　安装内容

在安装过程中首先出现如图 9-6 所示的安装图片。

图 9-6　力控组态软件安装图

① 安装指南：帮助用户安装和使用力控组态软件。

② 安装力控 ForceControl V7.0：进行力控组态软件的安装，包括 B/S 和 C/S 网络功能，具体由硬件加密锁来区分。此安装包需要先安装才能继续安装其他安装包。

③ 安装 I/O 驱动程序：力控 I/O 驱动选择性的安装。

④ 安装图库：安装力控标准图库的扩展安装包。

⑤ 安装数据服务程序：安装力控数据转发程序。

⑥ 安装扩展程序：进行力控组态软件中的 ODBCRouter、CommBridge、CommServer、OPCServer、DBCOM 的例程等功能组件的安装。

⑦ 安装加密锁驱动：在使用 USB 加密锁时需要安装此驱动。

（1）安装使用注意事项

① 安装、运行力控 ForceControl V7.0 时请以管理员权限登录操作系统。

② Web 客户端浏览 ForceControl V7.0 工程时请以管理员身份运行 IE。

③ 安装力控 ForceControl V7.0 的操作系统须安装.NET Framework 4.0 以上版本。

④ 运行力控 ForceControl V7.0 制作的工程时,须防止操作系统进入待机或者休眠状态,该状态下会发生"无法识别加密锁"错误。

⑤ 力控 ForceControl V7.0 的组件、控件进行了重新设计，与以前版本的组件、控件不同，工程升级的具体问题请详细咨询客服人员。

⑥ 使用力控的 Flash 组件及 Flash 图库时，请先安装 Flash 插件。

（2）电子手册的阅读

① 通过安装力控安装光盘后，电子手册自动安装完成，需要通过安装 Acrobat Reader 软件来阅读。

② 如果在安装或使用过程中遇到问题，请随时拨打北京三维力控技术支持电话，或通过北京三维力控的网站联系。网站：www.sunwayland.com.cn。

9.6 创建一个简单工程

一个智能楼宇的监控项目或者是一个工控机产品，其开发过程基本相同：首先要全面了解整个工程的情况和要求；确定设置多少个控制点，控制精度多高，硬件怎么实现，软件怎么实现；然后写出具体的工程任务书和实施方案，有时还要写出项目投标书等。

9.6.1 举例存储罐的液体控制项目

该项目是化工厂的化工液体存储罐，有入口阀门、出口阀门、管道、电控柜等。控制任务是存储罐空时自动开启入口阀门输灌液体，当存储罐液体灌满时排放液体，反复循环。

（1）控制现场及工艺

控制现场及工艺是在开发工业控制项目和学习组态软件使用时首要掌握的内容。需要控制的现场多种多样，如工业生产线、楼宇小区、大型油田、大型仓库，它们的控制内容、控制方式各不相同，工艺要求各异，控制对象不一样，精度要求也不同。例如，在存储罐的液体控制项目中，控制现场为存储罐、入口阀门、出口阀门、罐中经配方后的化工液体、管道、电控柜等。

（2）执行部件及控制点数

将开发的工业控制项目中所有控制点的参数收集齐全，并填写表格，以备在监控组态软件和设备组态时使用。每一个点要认真研究，怎么控制，什么类型，执行部件是什么，特别是执行部件有很多种，电机类有交流电机、直流电机、步进电机、伺服电机；控制阀有电磁阀、气阀、液压阀；传感器有数字传感器、模拟传感器；还有各种开关仪表等。这里给出两个参考格式（分别对应模拟量和开关量信号），如表9-2和表9-3所示。

表 9-2　　　　　　　　　　　　　　　模拟量 I/O 点的参数表

I/O 位号名称	说明	工程单位	信号类型	量程上限	量程下限	报警上限	报警下限	是否做量程变换	裸数据上限	变化率报警	偏差报警	正常值	I/O类型
TI1201	存储罐液位	mm	液位传感器	1500	0	1200	600	是	4095	2℃/S	±10℃	1050	输入

表 9-3　　　　　　　　　　　　　　　开关量 I/O 点的参数表

I/O 位号名称	说　明	正常状态	信号类型	逻辑极性	是否需要累计运行时间	I/O类型
TI1201	电磁阀状态	启动	干接点	正逻辑	是	输入

在本例中，有5个控制点，即存储罐液面的实时高度、入口阀门、出口阀门、启动和停止两个按钮。5个点中入口阀门和出口阀门用电磁阀控制，液面的实时高度用高精度液位传感器检测，两个按钮用常用的机械按钮。但是5个点用4个变量（即反映存储罐的液位模拟量、入口阀门的状态为数字量、出口阀门的状态也为数字量、控制整个系统的启动与停止的开关量）就行。

（3）控制设备

在开发工业控制项目时研究用什么设备来实现控制也是很重要的设计内容，实现一种控制的方法有多种，需要研究哪些设备稳定可靠、性价比最高，然后选定设备。例如，在存储罐的液体控制项目中，入口阀门和出口阀门用电磁阀，液面的实时高度用高精度液位传感器。具体驱动控制电磁阀和检测两个按钮的开关状态用一台 PLC（可编程控制器）来实现。即 PLC 的输出端用两个点接电磁阀，用两个点接两个按钮。PLC 的串行线与一台工业 PC 相连，用 A/D 转换模块（或用 PLC 中自带的 A/D 转换单元）将传感器数据输入到工业 PC，这样就组成了一个控制系统。由此可见，工业 PC 与执行部件之间还需要各种板卡、模块、PLC、智能仪表、变频器等作为桥梁才能组成一个完整的控制工程。

（4）现场模拟和监控

可以用软件将现场情况在工业 PC 中模拟出来。例如，在存储罐的液体控制项目中，可以设计两个按键代替实际的启动和停止开关，再设计出一个存储罐和两个阀门，当用鼠标单击"开始"按钮时入口阀门不断地向一个空的存储罐内注入某种液体，当存储罐的液位快满时，入口阀门自动关闭，同时出口阀门自动打开，将存储罐内的液体排放到下游。当存储罐的液位快空时，出口阀门自动关闭，入口阀门打开，又开始向快空的存储罐内注入液体，过程如此反复进行，同时将液位的变化用数字显示出来。在实际控制过程中用一台 PLC 来实现控制，在仿真时，整个逻辑的控制过程都是通过力控仿真驱动和脚本来实现的。力控组态软件除了要在计算机屏幕上看到整个系统的运行情况（例如，存储罐的液位变化和出、入口阀门的开关状态变化等）外，还要能实现控制整个系统的启动与停止。

（5）数据库

数据库是工业控制中相当重要的部分，它要将整个系统的参数实时存储，计算机实时进行数据分析，根据分析结果进行实时控制，将分析的结果用各种形式显示出来。

综上所述，一个工业控制项目包括硬件和软件两部分。本章不涉及硬件部分，软件部分既可以用语言编程，也可以使用本书介绍的组态软件，省去繁杂的编程工作。

9.6.2 编辑监控组态软件的一般步骤

根据以上分析，组态软件创建新的工程项目的一般过程是：绘制图形界面，创建数据库，配置 I/O 设备并进行 I/O 数据连接，建立动画连接，运行及调试。

图 9-7 所示为采集数据在力控各软件模块中的数据流向图。

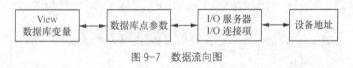

图 9-7 数据流向图

要创建一个新的工程项目，首先为工程项目指定工程路径，不同的工程项目不能使用同一工程项目路径，工程项目路径保存着力控生成的组态文件，它包含了区域数据库、设备连接、监控画面、网络应用等各个方面的开发和运行信息。每个机器只能安装一套力控软件，在具体的工程项目中要将各种设备在组态软件中进行完整、严密的组态，组态软件才能够正常工作。下面列出了具体的组态步骤。

① 将开发的工业控制项目中所有 I/O 点的参数收集齐全，并填写表格。

② 搞清楚所使用的 I/O 设备的生产商、种类、型号，使用的通信接口类型、采用的通信协议，以便在定义 I/O 设备时做出准确选择。设备包括 PLC、板卡、模块、智能仪表等。

③ 将所有 I/O 点的 I/O 标识收集齐全，并填写表格。I/O 标识是唯一地确定一个 I/O 点

的关键字，组态软件通过向 I/O 设备发出 I/O 标识来请求其对应的数据。在大多数情况下，I/O 标识是 I/O 点的地址或位号名称。

④ 根据工艺过程绘制、设计画面结构和画面草图。

⑤ 按照第①步统计出的表格，建立实时数据库，正确组态各种变量参数。

⑥ 根据第①步和第③步的统计结果，在实时数据库中建立实时数据库变量与 I/O 点的一一对应关系，即定义数据连接。

⑦ 根据第④步的画面结构和画面草图，组态每一幅静态的操作画面（主要是绘图）。

⑧ 将操作画面中的图形对象与实时数据库变量建立动画连接关系，规定动画属性和幅度。

⑨ 对组态内容进行分段和总体调试。

⑩ 系统投入运行。

根据上面的叙述来创建第一个简单工程，其操作步骤如下。

① 启动力控 V7.0 工程管理器，出现工程管理器窗口，如图 9-8 所示。

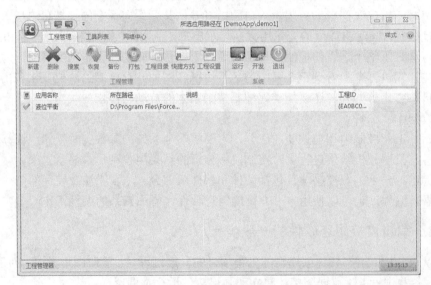

图 9-8　工程管理器窗口

② 单击"新建"按钮，出现如图 9-9 所示的"新建工程"对话框。

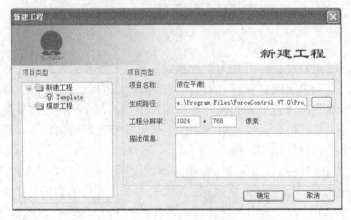

图 9-9　"新建工程"对话框

③ 在"项目名称"文本框中输入要创建的应用程序的名称，这里命名为"液位平衡"。在"生成路径"文本框中输入应用程序的路径，或者单击"…"按钮创建路径。在"描述信息"文本框中输入对新建工程的描述文字。最后单击"确定"按钮返回。应用程序列表中增加了"液位平衡"，即创建了液位平衡项目，同时也是液位平衡项目的开发窗口。

④ 单击"开发"按钮进入开发系统，打开如图 9-10 所示的液位平衡项目的"开发系统"窗口。

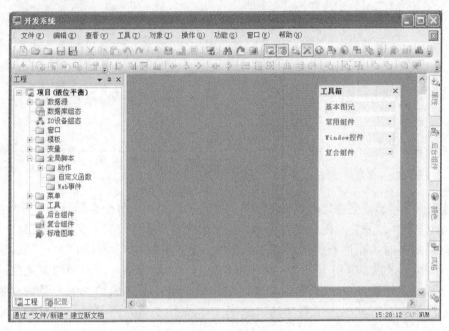

图 9-10　"开发系统"窗口

9.7　开发环境

开发系统（Draw）、界面运行系统（View）和数据库系统（DB）都是组态软件的基本组成部分。Draw 和 View 主要完成人机界面的组态和运行，DB 主要完成过程实时数据的采集（通过 I/O 驱动程序）、实时数据的处理（包括报警处理、统计处理等）、历史数据处理等。

开发一个系统的基本步骤如下：首先是建立数据库点参数，对点参数进行数据连接；其次建立窗口监控画面，对监控画面里的各种图元对象建立动画连接；然后编制脚本程序，进行分析曲线、报警、报表制作，便完成了一个简单的组态开发过程。

9.7.1　数据库概述

实时数据库是整个应用系统的核心，是构建分布式应用系统的基础。它负责整个应用系统的实时数据处理、历史数据存储、统计数据处理、报警信息处理、数据服务请求处理，完成与过程数据采集的双向数据通信。双击图 9-10 中的"数据库组态"选项，出现如图 9-11 所示的对话框。

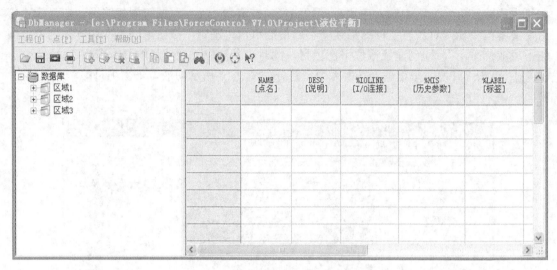

图 9-11　数据库组态对话框

　　实时数据库根据点名决定数据库的结构，在点名字典中，每个点都包含若干参数。一个点可以包含一些系统预定义的标准点参数，还可包含若干个用户自定义参数。

　　点类型是实时数据库根据监控需要而预定义的一些标准点类型，目前提供的标准点类型有：模拟 I/O 点、数字 I/O 点、累计点、控制点、运算点等。不同的点类型完成的功能不同。例如，模拟 I/O 点的输入和输出量为模拟量，可完成输入信号量程变换、小信号切除、报警检查、输出限值等功能。数字 I/O 点输入值为离散量，可对输入信号进行状态检查。

　　点的参数的形式为"点名.参数名"。默认的情况下"点名.PV"代表一个测量值。

　　例如，"TAG2.DESC"表示点 TAG2 的点描述，为字符型；"TAG2.PV"表示点 TAG2 的过程测量值，为浮点型。

9.7.2　创建数据库点参数

　　根据以上工艺需求，定义 4 个点参数。

　　① 反映存储罐的液位模拟 I/O 点，命名为"YW"。

　　② 入口阀门的状态为数字 I/O 点，命名为"IN1"。

　　③ 反映出口阀门开关状态的数字 I/O 点，命名为"OUT1"。

　　④ 控制整个系统的启动与停止的开关量，命名为"RUN"。

　　具体的定义步骤如下。

　　① 在 Draw 导航器中双击"实时数据库"项使其展开，在展开项目中双击"数据库组态"启动组态程序 DBManager（如果没有看到导航器窗口，可以激活 Draw 菜单命令"查看/导航器"）。

　　② 启动 DBManager 管理器后出现主窗口，如图 9-12 所示。

　　③ 选择菜单命令"点/新建"或在右侧的点表上双击任一空白行，出现"请指定节点、点类型"对话框，如图 9-12 所示。

图 9-12　"请指定节点、点类型"对话框

选择"区域 1"—"单元 1"—"模拟 I/O 点"点类型，然后单击"继续"按钮，进入点定义对话框，如图 9-13 所示。

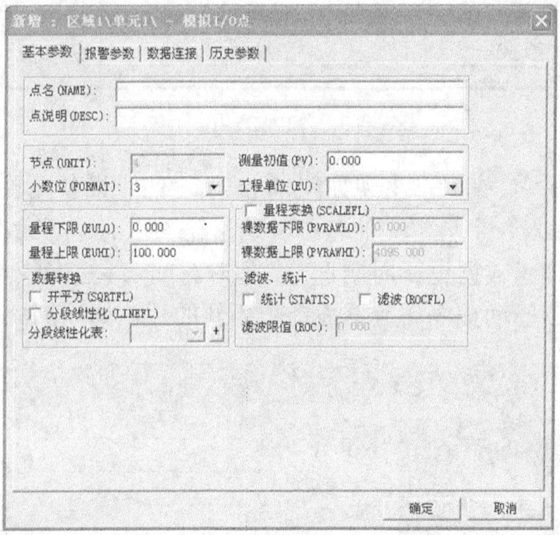

图 9-13　点定义对话框

④ 在"点名"文本框中输入点名"YW"，其他参数可以采用系统提供的默认值。单击"确定"按钮，在点表中增加了一个点"YW"。

⑤ 然后创建几个数字点。选择 DBManager 菜单"点/新建"，选择"区域 1"—"单元 1"—"数字 I/O 点"点类型，然后单击"继续"按钮，进入"数字 I/O 点组态"对话框后，在"点名"文本框中输入点名"IN1"，其他参数可以采用系统提供的默认值。用同样的方法创建点"OUT1"和"RUN"。单击 📁 按钮保存组态内容，然后单击 ⏏ 按钮（退出后才能进行下一步）。

9.7.3　定义 I/O 设备

实时数据库是从 I/O 驱动程序中获取过程数据的，I/O 驱动程序负责软件和设备的通信，因此首先要建立 I/O 数据源，而数据库同时可以与多个 I/O 驱动程序进行通信，一个 I/O 驱动程序也可以连接一个或多个设备。下面介绍创建 I/O 设备的过程。

① 在工程项目导航栏中双击"I/O 设备组态"项，出现如图 9-14 所示的窗口，在展开项目中选择"力控"项并双击使其展开，然后继续选择"仿真驱动"并双击使其展开后，选择项目"Simulator（仿真）"。

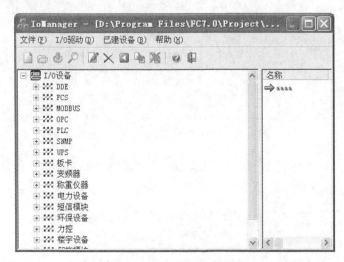

图 9-14 "I/O 设备组态"栏

② 双击"Simulator（仿真）"，出现如图 9-15 所示的"设备配置—第一步"对话框，在"设备名称"文本框中输入一个自定义的名称，这里输入"dev"（大小写都可以）。接下来要设置 dev 的采集参数，即"数据更新周期"和"超时时间"。在"数据更新周期"文本框中输入"1000"毫秒，即 I/O 驱动程序向数据库提供更新的数据的周期。

图 9-15 设备定义向导对话框

③ 单击"完成"按钮，就可以看见在"Simulator（仿真 PLC）"项目下面增加了一项"dev"。用鼠标右键单击项目"dev"，可以进行修改、删除、测试操作等。

以上完成了配置 I/O 设备的工作。通常情况下，一个 I/O 设备需要更多的配置，如通信端口的配置（波特率、奇偶校验等），所使用的网卡的开关设置等。仿真驱动实际上没有与硬件进行物理连接，所以不需要进行更多的配置。

9.7.4　数据连接

使用 4 个点的 PV 参数值能与仿真 I/O 设备 dev 进行实时数据交换的过程就是建立数据连接的过程。由于数据库可以与多个 I/O 设备进行数据交换，所以必须指定哪些点与哪个 I/O 设备建立数据连接。

① 启动数据库组态程序 DBManager，双击点"YW"，再单击"数据连接"，出现如图 9-16 所示的对话框。

图 9-16　数据连接

② 在"连接 I/O 设备"下拉列表框中选择设备"dev"，再单击"增加"按钮，出现如图 9-17 所示的"仪表仿真驱动"对话框。

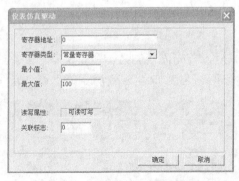

图 9-17　"仪表仿真驱动"对话框

将"寄存器地址"指定为"0"，"寄存器类型"选择"常量寄存器"，"最小值"和"最大值"指定为"0"和"100"，然后单击"确定"按钮，可看到在 DBManager 中，右边的"I/O 连接"列中增加了一项。

③ 双击点"IN1"，再单击"数据连接"，建立数据连接。单击"增加"按钮，出现如图

9-18 所示的"仪表仿真驱动"对话框,将"寄存器地址"指定为"1","寄存器类型"选择"状态控制"。

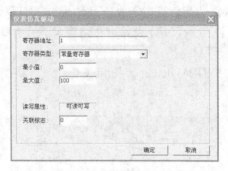

图 9-18 "仪表仿真驱动"对话框

④ 用同样的方法为点"OUT1"和"RUN"创建 dev 下的数据连接,它们的"寄存器地址"分别为"2"和"0","寄存器类型"选择"常量寄存器"和"状态控制",最后的数据库组态对话框形式如图 9-19 所示。

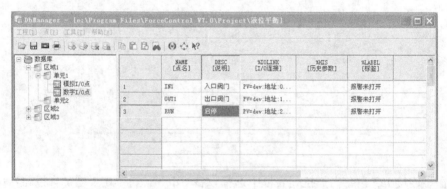

图 9-19 数据库组态对话框

9.8 创建窗口

进入开发系统(Draw)后,首先需要创建一个新窗口。

选择菜单命令"文件/新建",出现如图 9-20 所示的"窗口属性"对话框。

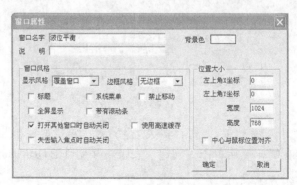

图 9-20 "窗口属性"对话框

"窗口名字"命名为"液位平衡"。单击"背景色"按钮，出现调色板，选择其中的一种颜色作为窗口背景色。其他的域和选项可以使用默认设置。

当一个窗口在 Draw 中被打开后，它的属性可以随时被修改。要修改窗口属性，在窗口的空白处单击鼠标右键，在弹出的快捷菜单中选择"窗口属性"命令。

9.8.1 创建图形对象

（1）存储罐制作

在"开发系统"窗口中（见图 9-10）双击"工具"—"标准图库"，出现如图 9-21 所示的"图库"对话框。

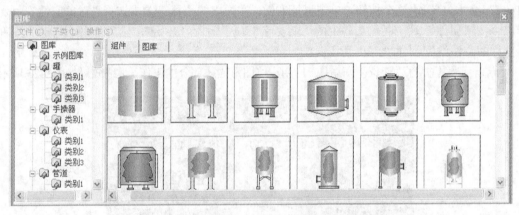

图 9-21 "图库"对话框

在子目录中选择"罐"—"类别 1"，所有的罐显示在窗口中，双击 1261 号罐，它就出现在作图窗口中，如图 9-22 所示。

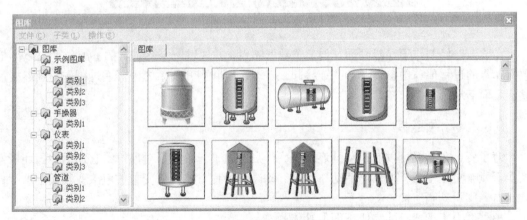

图 9-22 子图列表对话框

同理，可选"阀门"，所有的"阀门"显示在窗口中，选择 1395 号作入口阀门和出口阀门，双击 1395 号阀门，它就出现在作图窗口中。

同理，可选"传感器"，所有的"传感器"显示在窗口中，双击 1782 号传感器，它就出现在作图窗口中。

然后将这些图拖动拼装在一起，组成一个现场模拟图。

（2）文本制作

创建一个显示存储罐液位高度的文本域和一些说明文字。选择工具箱中的"文本"工具，把鼠标移动到存储罐下面，单击一下（这个操作定位"文本"工具）。输入"###.###"后按Enter键结束第一个字符串，然后可以输入另外几个字符串如，"进水"、"出水"。

把符号（#）移动到存储罐的下面，把字符串"进水"和"出水"分别移动到入口阀门和出口阀门图形两边。

（3）按钮制作

创建两个按钮来启动和停止处理过程。选择"按钮"工具，创建一个按钮。选定这个工具后，单击鼠标左键定位按钮的起点，拖动鼠标调整按钮的大小。创建的按钮上有一个标志"Text"（文本）。选定这个按钮，单击鼠标右键，在弹出的快捷菜单中选择"对象属性"命令，弹出"按钮属性"对话框，在其中的"新文字"项中输入"开始"，然后单击"确定"按钮。用同样的方法继续创建"停止"按钮。

现在，已经完成了"液位平衡系统"应用程序图形描述部分的工作，最终效果如图 9-23 所示。

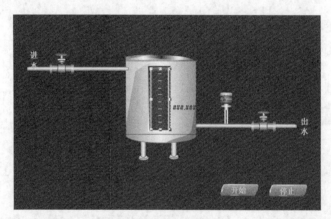

图 9-23　现场模拟图

在前面已经制作了显示画面、创建了数据库点，并通过一个自定义的 I/O 设备 "dev" 把数据库点的过程值与虚拟设备 dev 连接起来。现在要回到开发系统中，通过制作动画连接使显示画面活动起来。

9.8.2　动画连接

有了变量之后就可以制作动画连接了。一旦创建了一个图形对象，给它加上动画连接就相当于赋予它"生命"使其"活动"起来。动画连接使对象按照变量的值改变其显示。

（1）阀门动画连接

根据以上工艺要求要完成下面的功能。

代表入口阀门的开关状态的变量 IN1.PV 是个状态值，如果为真（值为 1），则表示入口阀门为开启状态，同时入口阀门变成绿色；如果为假（值为 0），入口阀门变成白色表示关。所以在"值为真时颜色"选项中将颜色通过调色板设为绿色。在"值为假时颜色"选项中将颜色通过调色板选为白色。

双击入口阀门对象，出现如图 9-24 所示的"动画连接"对话框。

图 9-24　"动画连接"对话框

要让入口阀门按一个状态值来改变颜色，选用连接"颜色变化-条件"。单击"条件"按钮，出现如图 9-25 所示的对话框。

图 9-25　"颜色变化"对话框

在对话框中单击"变量选择"按钮，展开"实时数据库"项，展开"区域 1"—"单元 1"，然后选择点名"IN1"，在右边的参数列表中选择"PV"参数，如图 9-26 所示。

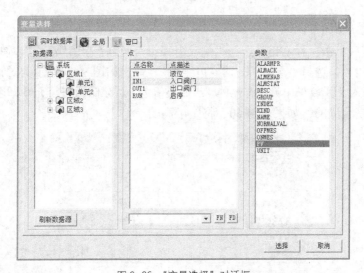

图 9-26　"变量选择"对话框

单击"选择"按钮,"颜色变化"对话框中"表达式"文本框中自动加入了变量名"区域1\单元 1\IN1.PV",在该表达式后输入"==1",使最后的表达式为"区域 1\单元 1\IN1.PV ==1"(力控软件中的所有名称标识、表达式和脚本程序均不区分大小写),如图 9-27 所示。

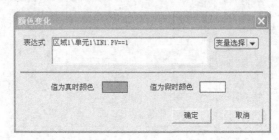

图 9-27 "颜色变化"对话框

用同样方法,再定义出口阀门的颜色变化条件及相关的变量。

(2)液位动画连接

将存储罐的液位通过数值的方式显示,并且代表存储罐矩形体内的填充体的高度也能随着液位值的变化而变化,便可以仿真存储罐的液位变化了。

首先来处理液位值的显示。选中存储罐下面的磅符号"###.###"后双击鼠标左键,出现"动画连接"对话框,要让"###.###"符号在运行时显示液位值的变化,选用"数值输出-模拟"连接。单击"模拟"按钮,出现如图 9-28 所示的"模拟值输出"对话框,在对话框中单击"变量选择"按钮,出现"变量选择"对话框(见图 9-26),选择点名"YW",在右边的参数列表中选择"PV"参数,然后单击"选择"按钮,再单击图 9-28 中的"确认"按钮,设置完成。

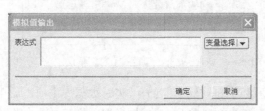

图 9-28 "模拟值输出"对话框

存储罐填充动画如下:

选中存储罐后单击鼠标右键,选择"单元内编辑",然后选中"液位",弹出"动画连接"对话框(见图 9-24),选择"尺寸"—"高度连接",弹出如图 9-29 所示的对话框,在"表达式"文本框中输入"区域 1\单元 1\YW.PV":如果值为 0,存储罐将填充 0 即全空;如果值为100,存储罐将是全满的;如果值为 50,将是半满的。

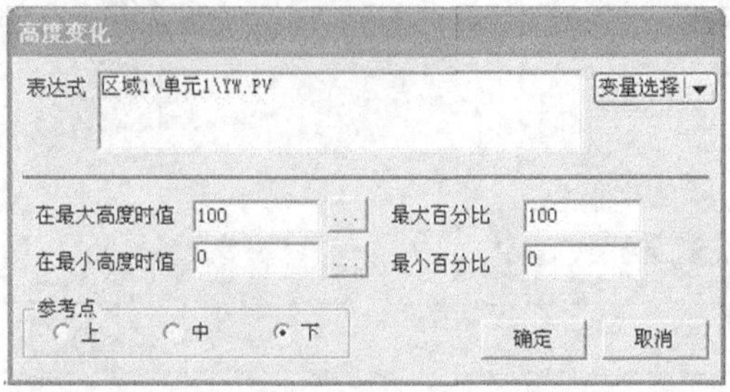

图 9-29 高度变化对话框

（3）按钮动画连接

下面定义两个按钮的动作来控制系统的启停。

选中按钮后双击鼠标左键，出现"动画连接"对话框（见图 9-24），选择"触敏动作"—"左键动作"连接。单击"左键动作"按钮，弹出"脚本编辑器"对话框，如图 9-30 所示。

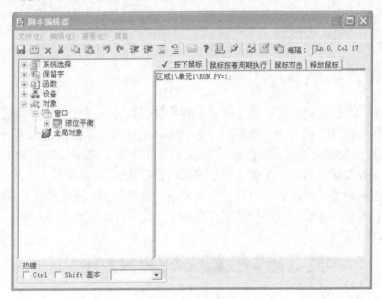

图 9-30　脚本编辑器

在"开始"按钮的"按下鼠标"事件的脚本编辑器里输入"区域 1\单元 1\RUN.PV=1;"，它表示当鼠标按下"开始"按钮后，变量 RUN.PV 的值被设置为 1。

在"停止"按钮的"按下鼠标"事件的脚本编辑器里输入"区域 1\单元 1\RUN.PV=0;"，它表示当鼠标按下"停止"按钮后，变量 RUN.PV 的值被设置为 0。

（4）脚本编辑

在"动作"—"应用程序动作"—"程序运行周期执行"中写如下脚本：

IF 区域 1\单元 1\RUN.PV==1 THEN

    IF 区域 1\单元 1\YW.PV==0 THEN

     区域 1\单元 1\IN1.PV=1;

     区域 1\单元 1\OUT1.PV=0;

    ENDIF

    IF 区域 1\单元 1\YW.PV==100 THEN

     区域 1\单元 1\IN1.PV=0;

     区域 1\单元 1\OUT1.PV=1;

    ENDIF

    IF 区域 1\单元 1\IN1.PV==1&&区域 1\单元 1\OUT1.PV==0&&区域 1\单元 1\YW.PV<100 THEN

     区域 1\单元 1\YW.PV=区域 1\单元 1\YW.PV+2;

    ENDIF

    IF 区域 1\单元 1\IN1.PV==0&&区域 1\单元 1\OUT1.PV==1&&区域 1\单元 1\YW.PV>0 THEN

     区域 1\单元 1\YW.PV=区域 1\单元 1\YW.PV-2;

```
        ENDIF
    ENDIF
IF  区域 1\单元 1\RUN.PV==0 THEN
    区域 1\单元 1\YW.PV=0;
    区域 1\单元 1\IN1.PV=0;
    区域 1\单元 1\OUT1.PV==0;
ENDIF
```

9.8.3 运行

运行时的工作过程是这样的：由 I/O 驱动程序从设备 dev 采集的数据传送到数据库，经数据库处理后传送给 View 对应的变量，并在 View 的画面上动态显示出来；当操作人员在 View 的画面上设置数据时，也就是修改了 View 变量的数据，View 会将变化的数据传送给数据库，经数据库处理后，再由 I/O 驱动程序传送给设备 dev。

保存所有组态内容，重新启动力控工程管理器，选择工程"液位平衡"，然后单击"进入运行"按钮运行系统。在运行画面的菜单中选择"文件/打开"命令，则弹出如图 9-31 所示的"选择窗口"对话框。

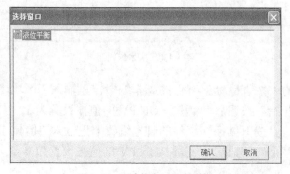

图 9-31 "选择窗口"对话框

选择"液位平衡"窗口，单击"确认"按钮，出现如图 9-32 所示的运行过程。在画面上单击"开始"按钮，会看到阀门打开，存储罐开始被注入液体；一旦存储罐即将被注满，它会自动排放，然后重复以上过程。用户可以在任何时候单击"停止"按钮来中止这个过程。

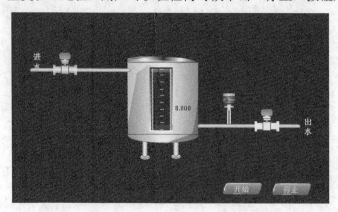

图 9-32 运行过程

9.8.4　创建实时趋势

实时趋势是某个变量的实时值随时间变化而绘出的该变量的时间关系曲线图。使用实时趋势可以查看某一个数据库点或中间点在当前时刻的状态，而且实时趋势也可以保存某一段时间的数据趋势，这样使用它就可以了解当前设备的运行状况，以及整个车间当前的生产情况等。

下面具体说明如何创建实时趋势。

（1）制作按钮

在主画面"液位平衡"中创建一个"趋势曲线"按钮。可以按 9.8.1 小节中制作按钮的方法制作，也可以在力控软件的标准图库中选择按钮。

（2）创建窗口

创建一个新的"实时趋势窗口"，方法是：单击工具条中的 🗋 按钮，或在主菜单中选择"文件/新建"命令，或者双击导航器中的窗口，出现"窗口属性"对话框（见图 9-20），在"窗口名字"文本框中输入"实时趋势"，单击"确定"按钮，出现如图 9-33 所示的窗口。

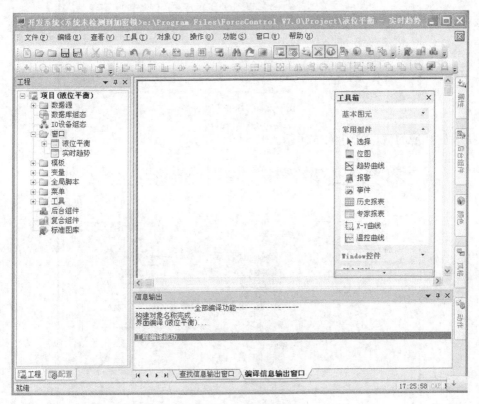

图 9-33　实时趋势窗口

（3）创建实时趋势

① 在工具箱中选择"趋势曲线"按钮，在"实时趋势"窗口中单击并拖曳到合适大小后释放鼠标。

② 这时可以像处理普通图形对象一样来改变实时趋势图的属性。右击"实时趋势图"，

打开其"对象属性"对话框，通过这个对话框可以改变实时趋势图的填充颜色、边线颜色、边线风格等。

③ 双击趋势对象，弹出如图 9-34 所示的实时趋势组态"属性"对话框。

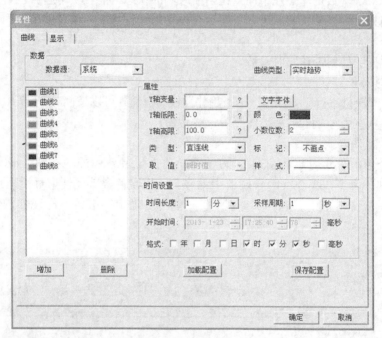

图 9-34 "属性"对话框

④ 设置相应的值，如图 9-35 所示。

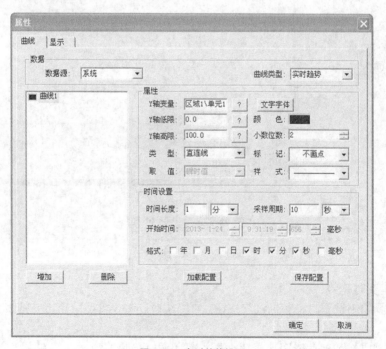

图 9-35 实时趋势设置

⑤ 改变"Y 轴变量"的值。双击"？"按钮，打开"变量选择"对话框，在"实时数据库"选项卡中选择变量"区域 1\单元 1\yw.pv"即可。

⑥ 在本窗口中创建一个"主画面"按钮，保证在画面运行时能返回主界面。

⑦ 分别插入"液位实时趋势曲线"、"液位高度"和"时间"3 个文本。

最终创建的实时趋势如图 9-36 所示。

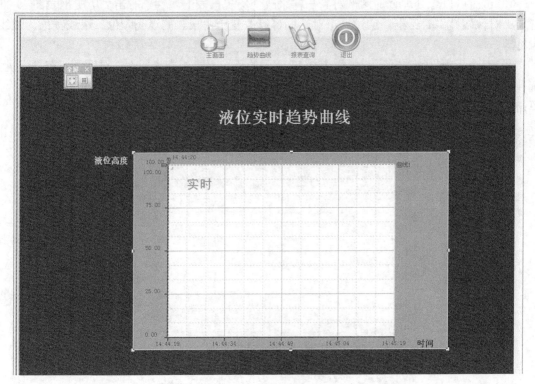

图 9-36　实时趋势图

（4）动画连接

"趋势曲线"按钮与实时趋势窗口连接，在溶液控制窗口中双击"趋势曲线"按钮，出现"窗口属性"对话框（见图 9-20），在"显示风格"下拉列表中选择"窗口显示"，出现"选择窗口"对话框，选择"实时趋势"。运行后实时趋势曲线显示在窗口中。

9.8.5　创建历史报表

历史报表提供了一种浏览历史数据的功能。下面具体说明如何创建历史报表。在建立历史报表之前先要在点组态的历史数据页中设定定时保存历史数据。

（1）制作按钮

在主画面"液位平衡"中创建一个"报表"按钮。按 9.8.1 小节中制作按钮的方法制作，也可以在力控软件的标准图库中选择按钮。

（2）创建窗口

创建一个新的"历史报表"窗口，方法是：单击工具条中的"创建一个新文档"按钮，或在主菜单中选择"文件/新建"命令，或者双击导航器中的窗口，出现"窗口属性"对话框

（见图 9-20），在"窗口名字"文本框中输入"历史报表"，单击"确定"按钮，出现如图"历史报表"窗口。

（3）创建历史报表

① 在工具箱中选择"历史报表"按钮，或在主菜单中选择"插入/历史报表"命令，在"历史报表"窗口中单击并拖曳到合适大小后释放鼠标。

② 这时可以像处理普通图形对象一样来改变历史报表的属性。右击"历史报表图"，打开其"对像属性"对话框，通过这个对话框可以改变历史报表的填充颜色、边线颜色、边线风格等。

③ 双击历史报表对象，弹出如图 9-37 所示的历史报表组态"属性"对话框，在"变量"选项卡中双击"点名"下的空格，出现"变量选择"对话框，选定"区域 1\单元 1\yw.pv"，单击"确定"按钮后点名自动输入。

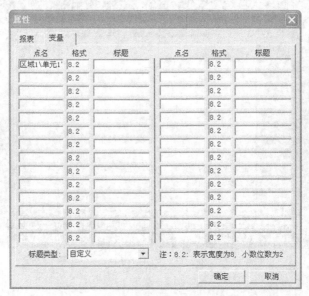

图 9-37　实时趋势组态对话框

④ 在本窗口中创建一个"查询"按钮，一个时间控件，在按钮左键按下动作里写入"#HisReport.SetTime(#DateTime.Year,#DateTime.Month,#DateTime.Day,#DateTime.Hour,#DateTime.Minute,#DateTime.Second)"，即可按时间查询报表。

⑤ 插入"历史报表"文本标题。

最终创建的历史报表如图 9-38 所示。

（4）动画连接

①"报表查询"按钮与历史报表窗口连接，在反应监控中心窗口中双击"报表查询"按钮，出现"窗口属性"对话框（见图 9-20），在"显示风格"下拉列表中选择"窗口显示"，出现"选择窗口"对话框，选择"历史报表"。

② 同样在"历史报表"窗口中进行"返回主页面"的动画连接。

最后的反应监控中心窗口如图 9-39 所示，在运行时单击"报表查询"进入历史报表窗口，历史数据显示在表格中。当单击"趋势曲线"时，实时函数曲线显示在窗口中。

图 9-38　历史报表图

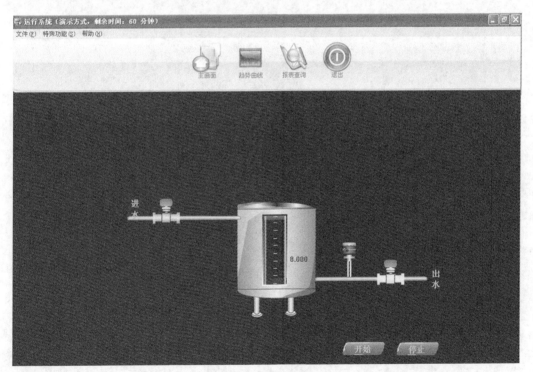

图 9-39　反应监控中心

复习与思考题

1. 如何通过事件记录来查看开、关阀门的操作历史记录？

2. 如果想知道入口阀门和出口阀门的累计运转时间，如何实现给出脚本语言和数据库累计点种种实现方法？

3. 如何创建数据库点参数，创建时要注意哪些问题？

4. 试述创建一个工程项目的全过程。

5. 开发环境主要包括哪些内容？

6. 开发环境能创建哪些内容？

第10章 智能楼宇监控组态实训项目

实训项目一 现代化学校宿舍照明监控组态

现代学校的照明已经成为直接影响学习、工作效率的主要因素之一，因此越来越引起人们的高度重视。做好照明设计，加强照明控制设计，已成为现代智能学校的一个重要内容。据国内外有关资料介绍，照明用电量占整幢大楼能耗的约 1/3。因此，选择合理的照明方案，配置先进的控制系统，不仅能大大简化穿管布线的工作量，而且能有效地节约能源，降低用户运行费用，提高学校管理水准，具有极大的经济意义和社会效益。在一些欧美发达国家，照明系统的智能化控制已成为现代化学校不可分割的组成部分，而且应用范围越来越广。

智能照明控制系统的技术，随着现代建筑技术的发展而不断更新，以适应各种建筑结构布局，实现多样化的控制模式。由于力控组态软件是一个开放式的系统，采用标准接口可以方便地与其他系统诸如安保、消防等相互连接完成系统集成功能；同时利用力控组态软件监控软件，学校管理工作人员借助"友好"的用户界面，能极其方便地遥控、监控学校宿舍所有控制设备的工作状态。

1. 照明控制系统应具备的功能

现代化学校的照明控制系统应该具有以下功能。

① 通过合理管理以节约能源和降低运行费用，同时便于操作和管理，提高学校管理水平。

② 给学生、老师提供一个舒适的学习、工作环境，以保证他们具有较高的工作效率。

2. 系统实现功能

① 利用本系统可根据不同的时间和不同的气氛，可预设置多种灯光场景，如早上、下午、傍晚、深夜等，按各照明回路亮暗的不同搭配组合成多种不同灯光效果存入系统的配方[灯光场景]列表中，当需要改变灯光效果时，用户只需要选择相应的配方[灯光场景]就可以。

② 采用自动照明控制，正常工作时间全开，非工作时间改为减光照明，节假日无人时可以只亮少数灯。

③ 楼梯间采用定时控制和红外移动控制等方式。在上下班期间全部开启，在平时启动红外移动控制方式，人来开灯，人离开后灯延时关闭。

④ 操作软件以照明空间区域的概念来管理。不同的用户在不同的时间段有不同的管理模

式，对照明回路分组控制的要求不同。因此，软件需具有可将回路任意组合功能，且操作必需简单。

3. 系统软件设置

通过软件设置可以实现以下功能。

① 中央监控室或分控室内的操作站对系统运作进行集中监控和管理，可细至每一个照明回路，从而提高了管理员的工作效率。

② 报警管理、日程表、历史记录、密码保护、图形化的功能的实现，使管理单位的管理制度得到了数据化的支持。

③ 在控制平台内可进行所有的编程设定作业以及对系统进行监控；提供了二次开发界面，采用拖放方式编辑平面图参数设置。操作人员无须深入了解内部编程代码即可完成日常的管理维护功能。

④ 具有自检功能，可监视系统所有部件的工作状态，并可即时反馈详细的相关数据。

4. 工控组态软件的联动

由于力控组态软件是一开放式的软件平台，可以非常容易地与楼控的其他系统实现联动。

① 与火灾自动报警系统联动：如夜间火灾报警时，联动开启相应区域的照明。

② 与综合安防系统联动：夜间综合安防系统异常报警时，联动开启相应区域的照明。

③ 可在建筑管理系统（BMS）界面直接控制，使 BMS 的集控操作功能更加实用。

力控组态软件在多所大学学生宿舍的成功应用，充分体现了建筑对先进技术、先进设备的需求性。对现代建筑的管理与实施须以数字化设备为基础，合理的操作及规章制度的应用将使智能化系统得到良好的发展。

可以借鉴的控制组态画面如图 10-1 所示，它为室内照明监控组态画面。

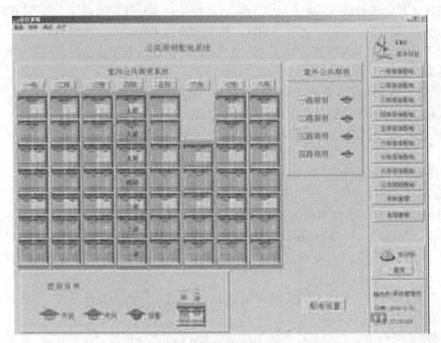

图 10-1 室内照明监控组态图

图 10-2 所示为各宿舍负荷监控组态图

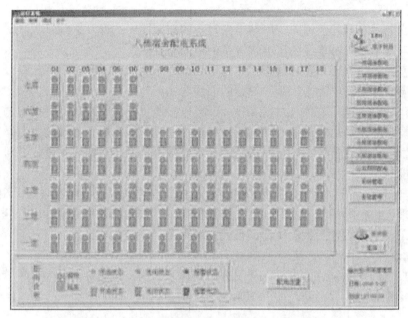

图 10-2　各宿舍负荷监控组态图

实训项目二　智能楼宇供配电系统的监控组态

力控组态软件结合通信技术、计算机及网络技术，可以完成电力设备在正常及事故情况下的监测、保护、控制，可以完全以动态图形方式对工企业配电情况进行监控，通过网络电力仪表的采集、控制与通信功能，将线路运行参数与开关状态上传，从而达到四遥功能，故障自动应变处理、系统故障预防等功能（见图 10-3），软件实现的主要功能如下。

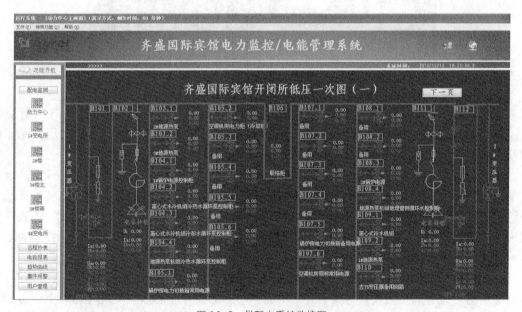

图 10-3　供配电系统监控图

① 图形监控。

变电站或电网的地理位置图、厂站电气设备的布置图。

设备的电气一次实时单线图、电气设备的柜面布置图。

系统仪表单元的列表和实时状态、实时电流、电压和能耗的曲线。

故障报警的详细清单表格、跳闸设定的曲线对比图等。

② 报警、故障处理。在发生故障情况下，可以按照供电线路实际运行情况与系统供电安全运行条件要求的逻辑功能进行自动判断及处理，通过对线路电力参数的监测，实时分析线路供电安全性，当任何参数不符合所设定的初步范围时，系统可提出报警，并可按要求进行逻辑控制功能。

③ 配电信息化。可以将配电信息以图形化的方式在内部局域网和互联网上浏览，软件可以把日常管理工作中的各项分别纳入到系统数据库中，来完成远程集中抄表、开关的操作记录、故障记录、电力运行参数的统计、报表的填写及打印等各项工作。

1. 系统设计

HS-NET 自动化系统总体上采用分层分布式体系结构，按照纵向分为远程管理层、设备控制层和现场设备层 3 大部分，如图 10-4 所示。

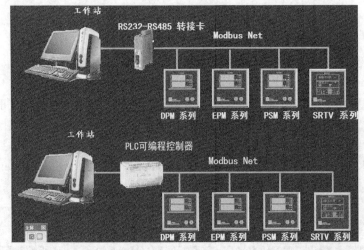

图 10-4　总体体系结构图

① 远程管理层。管理层是由 3 台计算机和 1 台打印机组成的。正常情况下用 1 台计算机监控管理，其他两台作为冷机备用。在异常或紧急情况下，其他两台备用计算机用来保证远程管理的正常工作。

② 设备控制层。设备控制层是由威达电 HMI 工控机、UPS、光纤转换器组成的。设备控制层属于"中介层"，起到向下采集控制向上通报管理的作用。在设备控制层安装了三维力控组态软件 PCAuto，与现场设备层利用 RS-485 接口，采用 Modbus 或 Profibus-DP 等通信协议进行数据的传输；与远程管理层利用计算机网卡，采用 TCP/IP 以太网协议进行数据的远程传输。

③ 现场设备层。现场设备层主要由配电柜、断路器，网络仪表、通信模块和通信线组成。根据选用的总线方式不同设计方案也有所不同。总体的设计思想是要实现现场配电设备的联网，现场设备层的配电设备应具有 RS-485 通信端口或者不带通信接口的元器件选配智能化

通信模块，将配电设备的各个参数上传给设备控制层，控制层怎么来采集各个参数并解析给用户，需要一个数据采集、解析、显示的应用软件包提供集成功能，三维力控的 PCAuto 组态软件为我们提供了实现这一功能的条件，在此软件平台上组建自己的配电设备，在设备控制层上对每个配电设备进行地址编排，可以很清楚地知道配电设备的物理地址，方便故障查询、线路维修；在远程管理层的管理软件，为了能够实时监控，提高可靠性，减少数据冗余，实质上是控制层软件的一个 Web 发布，大量数据的访问通过 SQL Server 来远程访问。

整个系统的灵活性，考虑采用各种功能模块，各功能模块可以独立装入或卸出，并可以灵活组合，进一步增强了系统的扩展性以及同其他系统的互连性。

整个监控系统通信子系统采用设备（通信口）与协议解析分层的设计原则。它们之间有标准的模块接口，增强了系统的可组态性和可扩展性。

监控系统中接入的器件应是具有通信功能的电子器件或块，如网络电力仪表、双电源、变频器、软启动器、开关输入/输出模块以及智能断路器等。采用 Modbus、Profibus-DP、DviceNet、LonWorks 等通信协议，实现对配电设备的"遥控、遥调、遥信、遥测"四遥功能，具有友好的人机界面，操作简单快速，配置直观简便。在上位机上不仅可以看到所有的电参数（三相电压、电流、功率、电能等）、线路运行参数、开关（分合闸）状态，而且可以通过上位机对各种配电设备进行控制操作。例如，智能断路器的分合闸操作，整定参数的设定修改，电动机的启停、正反转以及速度的设定修改，操作简单快速。各种故障报警、趋势曲线、数据报表，操作记录能在屏幕上清楚地显示，减轻了工作人员的工作强度。同时，对电能质量和设备故障及时检测、分析，使值班人员能在事故初始阶段及时处理，减少电网事故造成的损失，是现代配电自动化的最佳选择。

综上分析，可以看出问题的关键是软件部分，一是配电设备数据的采集，需要开发下位机的驱动程序；二是友好界面的显示，需要开发组态界面。因此，软件部分的开发分为以下两大的部分。

① 下位机驱动程序的开发与实现（非标准的 MOD-BUS 总线协议需要用户开发驱动程序）。

② 上位机组态界面的开发与实现。

下面重点介绍如何利用力控组态软件实现人机界面、实时报警、故障查询、远程监控、管理自动化等上位机组态系统功能。

2. 力控组态软件的监控系统

（1）力控的数据流

如图 10-5 所示，力控组态软件的通用版基本组件为 I/O 服务程序（I/O Server）、区域数据库（DB）和人机界面（VIEW）。数据流过程如下：I/O 连接项配置完成后，硬件设备寄存器的内容通过 I/O 通信采集到 DB 的点参数里（缺省为 PV），完成 VIEW 的数据库变量组态后，DB 的点参数自动映射到 VIEW 数据库变量里，便完成了整个数据的采集过程。

力控组态软件与 I/O 设备之间一般通过以下几种方

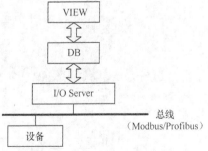

图 10-5　力控界面组态软件流程

式进行数据交换：串行通信方式（支持 Modem 远程通信）、板卡方式、网络结点方式、适配器方式、DDE 方式、OPC 方式等。对于采用不同协议通信的 I/O 设备，力控组态软件提供具有针对性的 I/O 驱动程序，实时数据库借助 I/O 驱动程序对 I/O 设备执行数据的采集与回送。实时数据库与 I/O 驱动程序构成服务器/客户结构模式。一台运行实时数据库的计算机通过若干 I/O 驱动程序可同时连接任意多台 I/O 设备。无论对于哪种设备，都需要确切知道设备及该点的物理通道的编址方法。I/O 设备配置完成后，能在浏览器的目录树列出 I/O 设备的设备数据源，此后，即可以使用配置过的设备名称进行数据连接。系统投入运行时，力控组态软件通过内部管理程序自动启动相应的 I/O 驱动程序执行与 I/O 设备的实时数据交换。

（2）系统组态

在应用与开发时，总体分为 3 个步骤进行系统组态，实现人机界面功能。

① 设备的配置（I/O 组态）：主要说明下位机名称、数据更新周期、设备地址、通信方式（在此采用串口（RS-232/422/485 方式）。采用串口 COM1，设置波特率为 9600、数据位 8bit、无奇偶校验、停止位 2bit，如图 10-6、图 10-7 所示。

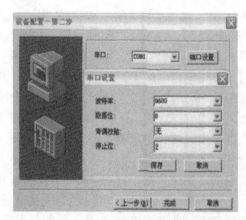

图 10-6 设备配置第一步操作图　　　　　　　　图 10-7 设备配置第二步操作

② 实时数据库的组态：根据不用器件的通信协议，将器件参数一一组态到实时数据库中，并且通过数据连接项连接到每个下位机器件上。图 10-8 所示为系统参数设置。

系 统 参 数 设 置

101线报警界限设置			102线报警界限设置			201线报警界限设置		
报警变量	高报警界限值	低报警界限值	报警变量	高报警界限值	低报警界限值	报警变量	高报警界限值	低报警界限值
A相电压	0	0	A相电压	0	0	A相电压	0	0
B相电压	0	0	B相电压	0	0	B相电压	0	0
C相电压	0	0	C相电压	0	0	C相电压	0	0
A相电压	0	0	A相电压	0	0	A相电压	0	0
B相电压	0	0	B相电压	0	0	B相电压	0	0
C相电压	0	0	C相电压	0	0	C相电压	0	0

202线报警界限设置			203线报警界限设置			204线报警界限设置		
报警变量	高报警界限值	低报警界限值	报警变量	高报警界限值	低报警界限值	报警变量	高报警界限值	低报警界限值
A相电压	0	0	A相电压	0	0	A相电压	0	0
B相电压	0	0	B相电压	0	0	B相电压	0	0
C相电压	0	0	C相电压	0	0	C相电压	0	0
A相电压	0	0	A相电压	0	0	A相电压	0	0
B相电压	0	0	B相电压	0	0	B相电压	0	0
C相电压	0	0	C相电压	0	0	C相电压	0	0

图 10-8 系统参数设置

③ 界面组态：利用力控组态软件提供的组态工具给用户一个友好的界面，使用户充分感受到配电自动化给他们带来的方便与实用。图 10-9 所示为供配电系统的低压一次接线图的组态界面，图 10-10 所示为配电室一次系统的组态界面，图 10-11 所示为供配电监控管理系统的组态界面，图 10-12 所示为日负荷曲线组态界面。

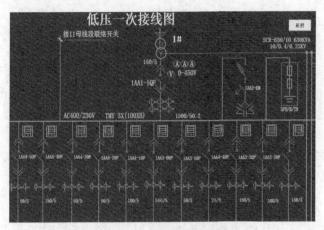

图 10-9　低压一次接线图的组态界面

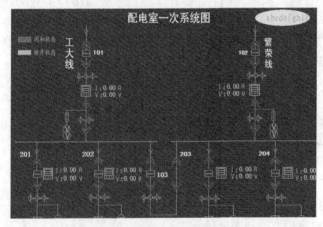

图 10-10　配电室一次系统的组态界面

图 10-11　供配电监控管理系统的组态界面

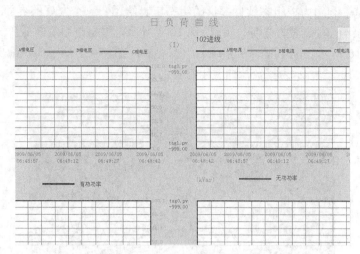

图 10-12　日负荷曲线组态界面

（3）系统功能及实现

① 友好的人机界面。HS-NET 智能网络配电与远程监控系统基于北京三维力控科技有限公司的 PCAuto 组态软件，系统采用动态数据交换技术（DDE）和 Windows API 驱动编程，使系统具有良好的可靠性和可扩充性，可根据用户需求组建智能配电网络系统。

② 遥调功能。智能设备的通信系统能通过上位机远程下载各进线、联络或主要出线回路从站设定值，如针对某一回路框架断路器进行保护参数设定等。

③ 遥测功能。智能总线系统能通过上位机远程测量各个回路从站（控制单元）的电量参数。

a. 主进回电路：三相电流、三相电压、有功功率、功率因数、有功电能、无功电能等。

b. 配电回路：三相电流、相电压/线电压、有功功率、有功电能等。

c. 出线回路：三相或单相电流等。

d. 电动机回路：三相或单相电流、相电压/线电压、功率因数等。

e. 其他：电网频率、谐波分量等。

具体可遥测的参数根据设计需要确定。

④ 遥控功能。智能总线系统能通过上位机对各个从站实现以下功能。

a. 配电回路：控制开关的分闸、合闸。

b. 电动机控制电路：电动机的启动、停止、复位等操作。

具体可遥控的功能根据设计需要确定。

⑤ 遥信功能。智能总线系统能通过上位机对从站实现以下遥测功能。

a. 通信状态。

b. 开关状态、补偿电容器投切状态。

c. 电动机回路操作次数/运行时间。

d. 连锁信息和 MCC 柜抽出式单元位置信号等。

⑥ 实时报警功能。为了使用户能在事故的初始阶段及时发现现场的故障，该工程设置了实时报警功能，可以实时地把发生故障的日期、时间、站点号、配电器件名称、报警类型等通过顶层窗口反映给用户，如图 10-13 所示。

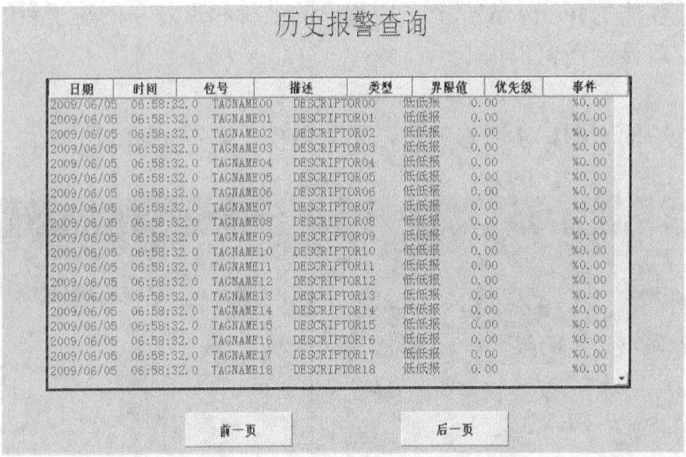

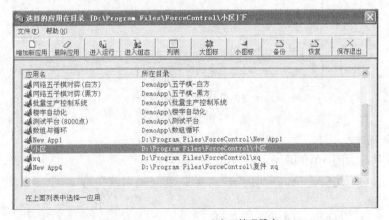

图 10-13　历史报警功能

⑦ 故障查询功能。为了解决目前配电系统所存在的问题，该软件特意设计故障查询功能。各种故障报警、操作记录能在屏幕上清楚地显示，减轻了工作人员的工作强度。同时，对电能质量和设备故障及时检测、分析，使值班人员能在事故初始阶段及时处理，减少电网事故造成的损失。

故障查询功能是利用力控软件提供的外部通信接口，支持目前主流的数据通信、数据交换标准，包括 DDE、OPC、ODBC 等。在该系统中使用的是 ODBC 标准，和第三方 Microsoft SQL Server 进行数据交换存储。

实训项目三　智能楼宇保安系统的监控组态

本设计要求对组态软件有一定的了解，能利用组态软件进行一些作图等简单的实验。由于运用组态软件做出整个小区安全防范的所有系统过于复杂，所以本设计只做了一个关于小区周界入侵防范及周界视频监控的简单设计。

1. 新建组态项目

进入组态软件后，会出现如图 10-14 所示的画面。

图 10-14　Forcecontrol 应用管理器窗口

窗口列出了已创建的 Forcecontrol 应用程序的名称和目录。创建了新的应用程序后，应用程序名称和目录就显示在窗口里。

2. 构筑图形

选择特殊功能中的子图，然后选择所需要的器件，如图 10-15 所示。

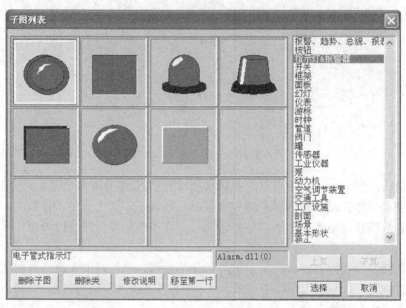

图 10-15　子图库

在 Forcecontrol 中预置了近千个精美子图，但大多都是工业控制方面的，与安防系统关系不大，因此，可画出一些装置的示意图，如图 10-16 所示。

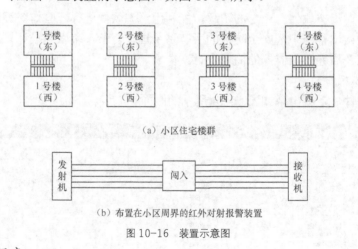

（a）小区住宅楼群

（b）布置在小区周界的红外对射报警装置

图 10-16　装置示意图

3. 定义数据库

定义数据库，如图 10-17 所示。

本设计中的系统比较简单，只用了 12 个点，就是说系统中有 12 个变量。

4. 动画连接

进行动画连接，如图 10-18 所示。

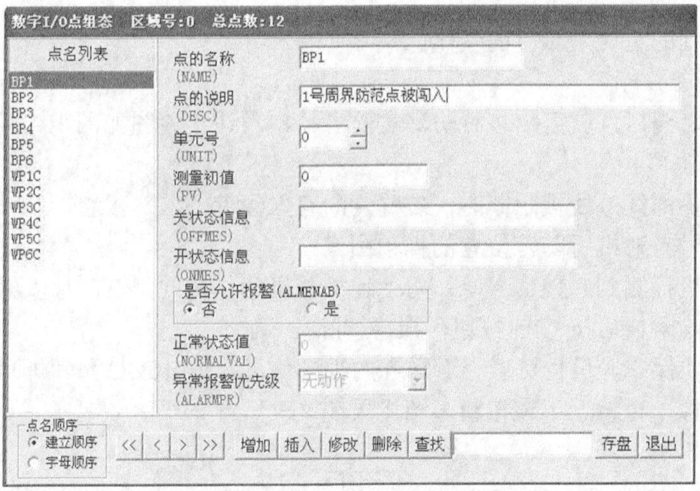

图 10-17　定义数据库

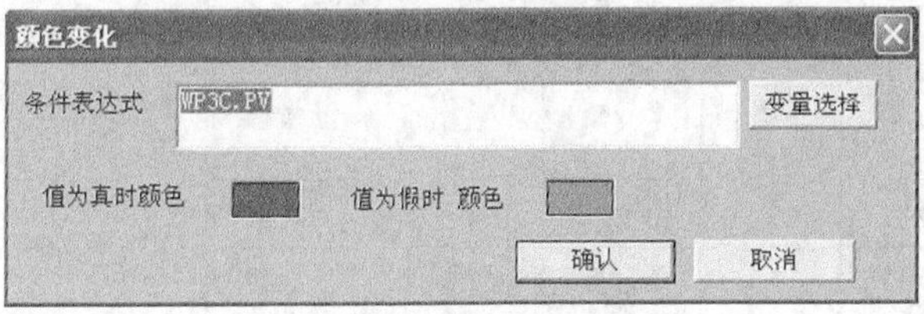

（a）定义装置的动作条件

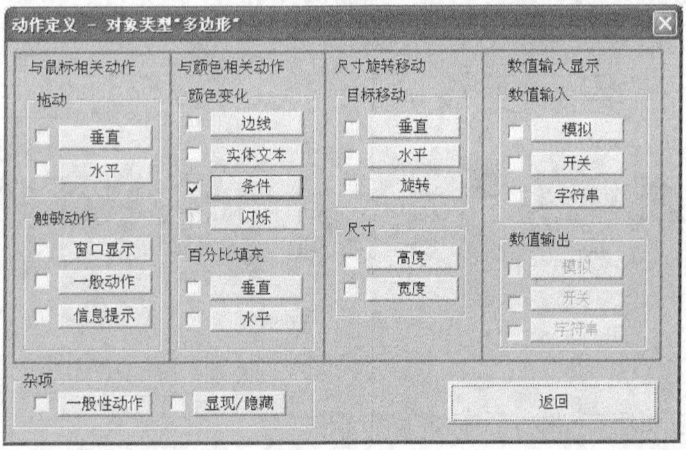

（b）动画连接形式

图 10-18　动画连接

　　复合动画连接，就可以提供复杂的尺寸、颜色、运动和位置的改变。Forcecontrol 提供了如下几类动画连接。

　　① 与鼠标动作相关的动作。

　　② 位置、尺寸变化与旋转。

③ 与颜色变化相关的动作。

④ 文字输入与输出。

本设计中用到的主要是颜色的变化。

5. 组态仿真

做好组态仿真图后，就可用进行仿真实验了。本设计实验图如图 10-19 所示。

画面说明：

当 1 号对射机的红外线被阻断时，装置判断有入侵者闯入，报警，AP1 灯亮，并自动在监视器上显示 1 号对射机所防范位置的视频图像；

当 5 号对射机检测到入侵信号时，与上述 1 号机动作相同，这时保安人员前去 5 号机防范地点查看，排除险情后按 CP5 按钮，报警解除；

当无入侵时，保安人员也可以查看周界的视频信号，按 WP3C 按钮即可查看 3 号机所防范地点的视频图像，再按一下该按钮，图像关闭。

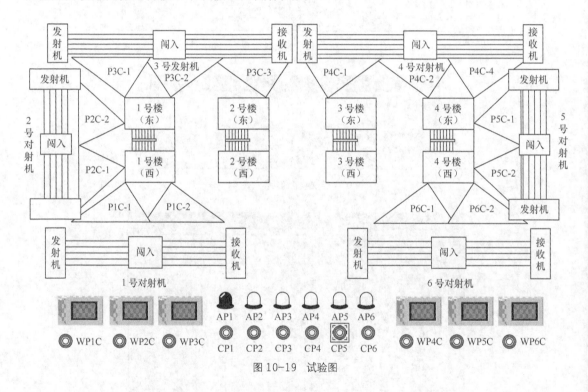

图 10-19 试验图

实训项目四 智能楼宇消防系统的监控组态

根据前面项目实训中掌握的组态设计方法，再创建一个楼宇消防系统的子工程，具体要求如下。

① 组态设计一个楼宇的集中火灾报警控制监视图画面（参考图 10-20 所示的智能楼宇集中火灾报警控制监视图）。

② 根据图 10-21～图 10-23 学习组态设计有关监控子系统的画面，如图 10-24 所示。

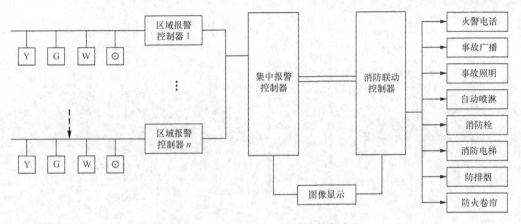

图 10-20 智能楼宇集中火灾报警控制监视

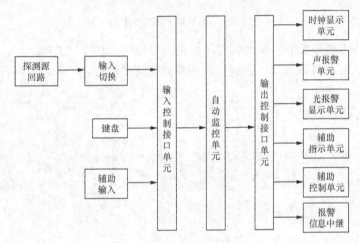

图 10-21 火灾报警顺序框图

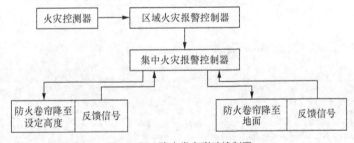

图 10-22 防火卷帘联动控制图

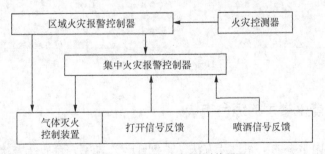

图 10-23 气体灭火系统联动控制图

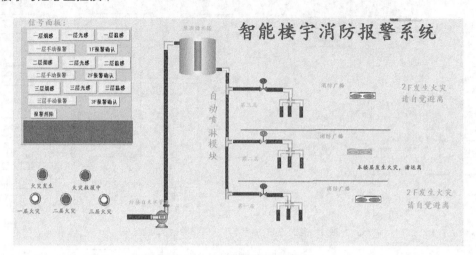

图 10-24 智能楼宇消防报警系统

③ 设计各段需要监控的色彩条、显示数据及范围，如图 10-25 所示。

④ 设置计算机的仿真运行，观察色彩和数据变化的情况。

报警类型	日期	时间	位号	说明	数值	单位	限值	类型	级别	确认	单	单	子	子	组	组
0	2012/06/05	16:58:42.370	tm_3	第一层温感			0.000	异常	高级	没确认	0	U...	-	-		
0	2012/06/05	16:58:41.280	lg_2	第一层光感			0.000	异常	高级	没确认	0	U...	-	-		
0	2012/06/05	16:58:40.850	sm_1	第一层烟感			0.000	异常	高级	没确认	0	U...	-	-		
0	2012/06/05	16:58:35.170	hand_3	第一层手动报警			0.000	异常	高级	恢复	0	U...	-	-		
0	2012/06/05	16:55:42.070	hand_2	第一层手动报警			0.000	异常	高级	恢复	0	U...	-	-		
0	2012/06/05	16:58:39.100	lg_1	第一层光感			0.000	异常	高级	恢复	0	U...	-	-		
0	2012/06/05	16:58:40.850	fire_1	第一层火灾			0.000	异常	紧急	没确认	0	U...	-	-		
0	2012/06/05	16:58:41.720	fire_2	第二层火灾			0.000	异常	紧急	没确认	0	U...	-	-		
0	2012/06/05	16:58:42.370	fire_3	第三层火灾			0.000	异常	紧急	没确认	0	U...	-	-		

图 10-25 主控室运行报警画面

打印报警历史记录，如图 10-26 所示。

报警类型	日期	时间	位号	说明	数值	单位	限值	类型	级别	确认	单元号	单元说明	子单元号	子单元说明	组号	组说明	操作员
0	2012/06/05	16:58:42.370	trn_3	第一层温感			0.000	异常	高级	没确认	0	Unit000	-9999		-9999		
0	2012/06/05	16:58:41.280	lg_2	第一层光感			0.000	异常	高级	没确认	0	Unit000	-9999		-9999		
0	2012/06/05	16:58:40.850	sm_1	第一层烟感			0.000	异常	高级	没确认	0	Unit000	-9999		-9999		
0	2012/06/05	16:58:35.170	hand_3	第一层手动报警			0.000	异常	高级	恢复	0	Unit000	-9999		-9999		
0	2012/06/05	16:55:42.070	hand_2	第一层手动报警			0.000	异常	高级	恢复	0	Unit000	-9999		-9999		
0	2012/06/05	16:58:39.100	lg_1	第一层光感			0.000	异常	高级	恢复	0	Unit000	-9999		-9999		
0	2012/06/05	16:58:40.850	fire_1	第一层火灾			0.000	异常	紧急	没确认	0	Unit000	-9999		-9999		
0	2012/06/05	16:58:41.720	fire_2	第二层火灾			0.000	异常	紧急	没确认	0	Unit000	-9999		-9999		
0	2012/06/05	16:58:42.370	fire_3	第三层火灾			0.000	异常	紧急	没确认	0	Unit000	-9999		-9999		

图 10-26 打印报警历史记录

实训项目五 智能化楼宇的综合布线

根据前面实训中掌握的组态设计方法，再创建一个楼宇综合布线系统的子项目，具体要求如下。

① 组态设计一个楼宇的综合布线系统的布线画面（见图 10-27，图 10-28）。

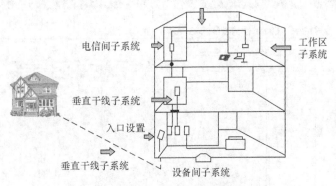

图 10-27　智能楼宇综合布线系统设计图

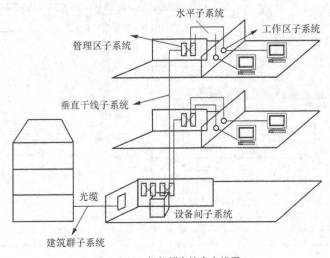

图 10-28　智能楼宇综合布线图

② 设计各子系统接线端子的具体布置画面（见图 10-29），需要与平面图上的信息点（见图 10-30）相符合，与综合布线图（见图 10-31）上内容一一对应。

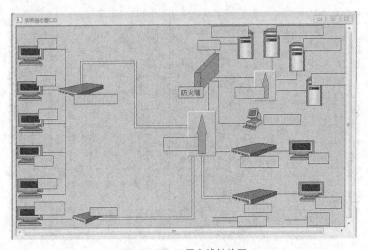

图 10-29　三层布线结构图

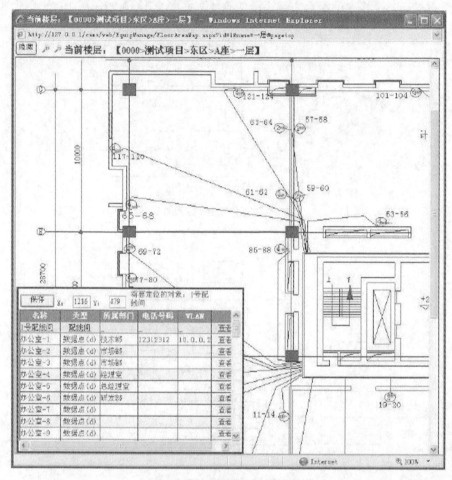

图 10-30　平面图上的信息点

③ 设置各段需要监控的色彩条、显示数据及范围。

④ 设置计算机的仿真运行、观察色彩和数据变化的情况。

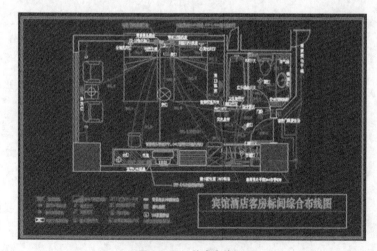

图 10-31　综合布线图

实训项目六 智能楼宇空调系统的监控组态

典型组合空调机组的监控原理图如图 10-32 所示。

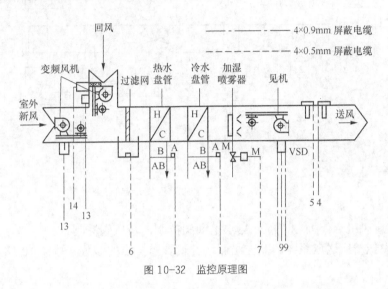

图 10-32 监控原理图

主要监控功能如下：

① 监测风机的运行状态、气流状态、过载报警和手/自动状态，累计风机运行时间，控制风机启停，调节风机频率；

② 监测送风温度、回风温度、湿度，根据回风温度与设定值的比较差值调节电动水阀的开度，根据回风湿度与设定值的比较差值控制加湿阀的开闭；

③ 监测室外空气温度、相对湿度；

④ 监测过滤器两侧压差，超出设定值时，请求清洗服务；

⑤ 当机组内温度过低时，防冻开关报警，停止风机运行，并关闭新风变频风机；

⑥ 根据室内外湿差调节新风变频风机，同时相应调节回风和排风变频风机。

变风量监控点如表 10-1 所示。

表 10-1　　　　　　　　　　　　　变风量监控点

D0（数字输出区）	7、9
DI（数字输入区）	6、9、5
A0（模拟输出区）	13、1、9
AI（模拟输入区）	14、4

本实训项目要求如下。

① 创建空调系统监控文件名。

② 组态设计各层机房空调机组的监控画面，并设置各控制点的参数。

监测点：新风机的送风温度、新风机手/自动状态、新风机运行状态、新风机故障报警、新风机初效过滤（按图 10-33 组态）。

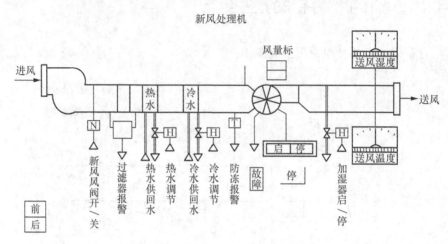

图 10-33　某楼三层 4#机房空调机组组态图

控制点：新风机启停控制，冷、热水电动阀控制，新风阀控制。

③ 组态设计新风送风系统的监控画面，并设置监控点的参数（按图 10-34 组态）。

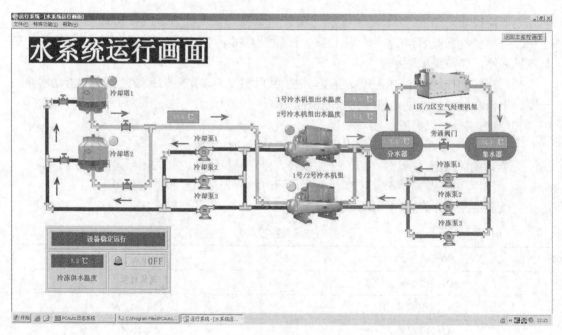

图 10-34　空调水系统运行画面、

④ 试运用计算机的仿真运行调试监控点的数据变化（按图 10-35 组态）。

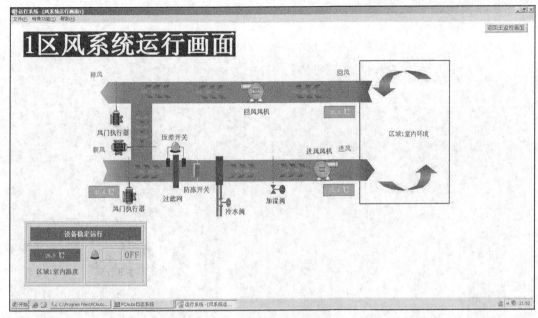

图 10-35　空调风系统运行画面

实训项目七　智能楼宇物业管理系统的监控组态

1. 设计登录系统

在进入物业管理信息系统的工作模块之前，用户和使用者必须进行系统登录，即身份认证，通过后才能进入系统工作模块。

2. 登录窗口设计

① 登录的原理就是通过文本框让用户输入用户名和密码，然后查询数据库，判断用户是不是合法用户。此处使用了 ErrorProvider 控件进行输入有效性验证（见图 10-36）。

② 设计界面。将窗体的 Text 属性设置为"访问 Access 数据库"。

选择工具箱中的"数据"选项卡，为窗体添加一个 OLEDataAdapter 控件，将出现"数据适配器配置向导"对话框。单击"下一步"按钮，向导要求用户选择数据连接，单击"新建连接"按钮，打开"数据连接属性"对话框，在"提供程序"选项卡中所列的 OLE DB 提供的程序中选择"Microsoft jet 4.0 OLE DB Provider"，单击"下一步"按钮，转动"连接"选项卡，单击"选择或输入数据库名称"文本框右边的按钮，选择要连接的数据库，输入用户名和密码。单击"测试连接"按钮，若连接成功会出现"测试成功"对话框。

单击"确定"按钮，向导将生成连接字符串，并返回"数据适配器配置向导"对话框，此时数据连接文本框中已经有了数据连接。单击"下一步"按钮，出现"选择查询类型"对话框，采用默认设置。单击"下一步"按钮，出现"生成 SOL 语句"对话框，单击"查询生成器"按钮，打开"查询生成器"对话框和"添加表"对话框，在"添加表"对话框中列出了当前数据库中所有表，选择需要的表，单击"添加"按钮则相应的表被添加到查询生成器中，在表中选择要使用的列前面的复选框，会自动生成 SQL 语句。单击"确定"按钮，返回到"生成 SQL 语句"对话框，单击"下一步"按钮，进入"查看向导结果"对话框，单击"完

图 10-36 某管理系统登录界面

成"按钮，即创建了一个与 Access 数据库的连接。这一过程结束后，适配器将自动添加一个 OleDbConnection 控件，单击"生成数据集"按钮，或者右键单击 OleDataAdapter1 控件，从弹出的快捷菜单中选择"生成数据集"命令，打开"生成数据集"对话框。单击"确定"按钮，完成数据集的添加，此时程序自动添加一个 DataSet11 控件。

选择工具箱中的"Windows 窗体"选项卡，为窗体添加一个 DataGrid 控件，控件的 Datasource 属性设置为"DataSet11.通讯录"。

③ 编写代码。

④ 运行程序。按 F5 键，或者选择"调试"、"启动"菜单，或者单击工具栏上的"启动"按钮，编译运行该程序。可以看到数据库中的数据已经被加载到 DataGrid 控件中显示。

3. 管理系统设计样例

物业管理信息系统的具体设计要根据不同的智能楼宇（小区）的规模、主要管理项目方面的需要进行。图 10-37 所示收费管理窗体就是具体的收费录入窗口设计；图 10-38 所示水电收费管理界面就是具体的水电费录入窗口设计；图 10-39 所示车辆出库登记就是具体的车库管理登记窗口设计。在运用组态软件进行设计时可以参考上面的界面，同时经过物业管理的调研，进行创新的设计。

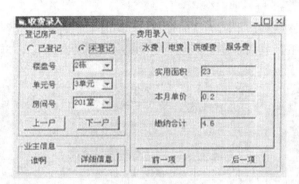

图 10-37　收费管理窗体

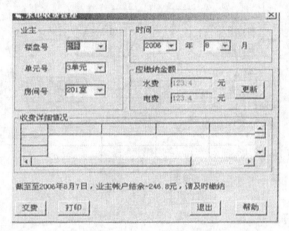

图 10-38　水电收费管理界面

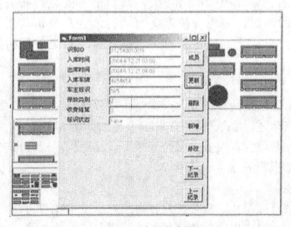

图 10-39　车辆出库登记

实训项目八　智能楼宇的可视对讲系统

智能楼宇可视对讲系统可以实现以下具体功能。

（1）互联组网

系统采用标准总线结构，不同类型的住户分机和不同楼宇单元的管理机都可以通过总线互联组网。系统模块组合灵活，便于扩充，能满足住户的不同需求。每层可视对讲系统连线图。如图10-40所示。

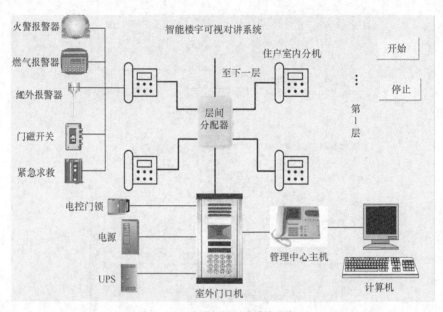

图10-40　每层可视对讲系统连线图

（2）多路内部通信

系统能使住户与管理中心、住户与住户之间相互呼叫和通话，亦可以实现附件如中继器的作用是将传输的音频和视频信号放大，减少信号的衰减和失真。隔离保护器的作用是当住户分机发生故障时，隔离保护器会自动将该住户分机与系统隔离，保证系统正常运行。门口机与住户分机之间的可视对讲功能，管理机还能同时接收楼宇内所有住户的报警求助。

（3）保安防盗

系统中保安防盗可以采用两种方式，一种是住户分机自身具有多路防区的报警功能，另一种是专用的住户多路防区报警系统。它们都具有延时防区和24小时紧急防区，可以外接门窗监控、火警监控、瓦斯监控以及安全报警等报警设施，也可向管理中心的计算机报警。管理中心的计算机能记录报警的地点、房号等。

（4）远程控制开锁

一般在楼门处安装有摄像头，每个住户室内配置一个可视对讲住户分机。当来访者在门口机上按下住户房号时，门口机即把该房号的编码送入信号控制线，并开启声讯连接，被选中的住户分机与声讯线接通产生呼叫信号，门口机接收到住户分机发出的回铃响应，门口机与该选中的住户分机之间即可进行双向通话，同时住户分机上的显示屏开启，住户通过住户分机的屏幕，可以看来访者的图像，通过图像决定是否开门。管理中心的管理机也具有远程控制开锁功能。

可以采用力控软件组态，其监控画面如图10-41和图10-42所示。

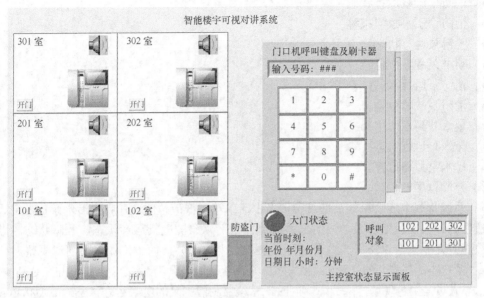

图 10-41 可视对讲系统监控画面

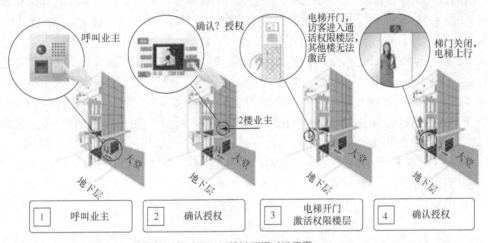

图 10-42 设计可视对讲画面

实训项目九 智能楼宇给水排水系统的监控组态

根据前面项目实训中掌握的组态设计方法，再创建一个给水排水系统的子工程，具体要求如下。

① 组态设计一个楼宇的集中给水排水控制监视图画面，参考设置以下监测点：

- 生活水箱高低水位报警；
- 消防水池高低水位报警；
- 消防水箱高低水位报警；
- 生活泵运行状态；
- 生活泵故障报警；

- 消防稳压泵运行状态；
- 消防稳压泵故障报警；
- 喷淋泵运行状态；
- 喷淋泵故障报警；
- 消防泵运行状态；
- 消防泵故障报警；
- 集水井高水位报警；
- 排水泵运行状态；
- 排水泵故障报警。

② 控制程序的设计。

- 系统监测生活水箱的高低液位。当生活水箱在低液位时，开启生活水泵；当生活水箱在高液位时，关闭生活水泵。同时，系统监测生活水泵的电气运行状态、故障状态。当设备发生故障时，系统会以声—光报警的形式反馈至上位部分，便于工作人员随时观察。

- 系统监测集水井的高液位。当集水井在高液位时，开启潜水泵；当集水井在超高液位时，提醒工作人员马上至现场排除故障。同时，系统监测潜水泵的电气运行状态、故障状态。当设备发生故障时，系统会以声—光报警的形式反馈至上位部分，便于工作人员随时观察和分析。

- 系统可以累计各个设备的运行时间，根据累计结果控制开启运行时间较短的设备，均衡设备的运行时间，提高设备的使用寿命。

③ 对上述给水排水设备记录其运行情况，生成趋势图，并打印报表。系统通过彩色三维图形，显示不同设备的状态和报警，显示每个参数的值，通过鼠标任意修改设定值，以求达到最佳工况。同时，累计水泵及其他给排水设备的运行时间。

基于 PLC 的变频恒压供水系统主电路图如图 10-43 所示。图中，3 台电动机分别为 M1、M2、M3，它们分别带动水泵 1#、2#、3#。接触器 KM1、KM3、KM5 分别控制 M1、M2、M3 的工频运行；接触器 KM2、KM4、KM6 分别控制 M1、M2、M3 的变频运行；FR1、FR2、FR3 分别为 3 台水泵电动机过载保护用的热继电器；QS1、QS2、QS3、QS4 分别为变频器和3 台水泵电动机主电路的隔离开关；FU 为主电路的熔断器。

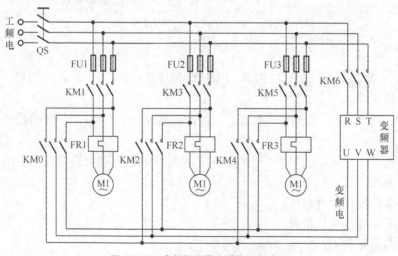

图 10-43　变频恒压供水系统主电路图

本系统采用三泵循环变频运行方式，即 3 台水泵中只有 1 台水泵在变频器控制下作变速运行，其余水泵在工频下作恒速运行，在用水量小的情况下，如果变频泵连续运行时间超过 3h，则要切换下一台水泵，即系统具有"倒泵功能"，避免某一台水泵工作时间过长。因此，在同一时间内只能有一台水泵工作在变频下，但不同时间段内 3 台水泵都可轮流作为变频泵。

设计监控运行状态如图10-44所示。

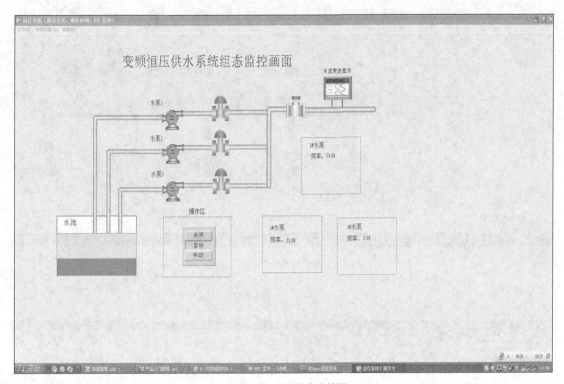

图 10-44　运行状态监控图

实训项目十　智能楼宇光伏系统的监控组态

基于力控 PCAuto 组态软件的设计与实现主要包括画面创建、动画连接、I/O 设备设置、创建实时数据库、数据连接等步骤。

1. 画面创建

在"工具"菜单中单击"图库"命令，选择需要的图形、器件（见图 10-45）；在"查看"菜单中单击"工具箱"命令，利用工具箱中的曲线连接各个器件（见图 10-46）。

根据系统的特点，设计太阳能系统控制系统的主界面（见图 10-47），界面包括系统开关，蓄电池组，太阳能电池板，压力测量，一些负荷，报警灯，DC-DC 变换器，DC-AC 变换器，电网等。

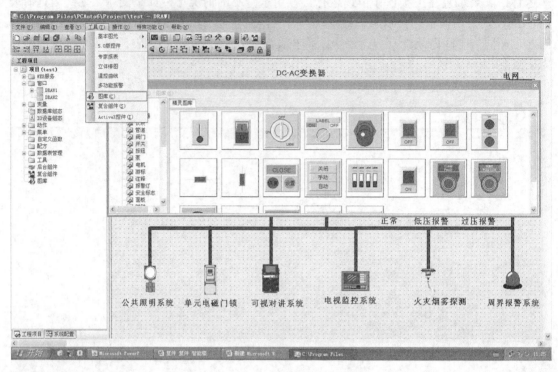

图 10-45　选择需要的图形、器件

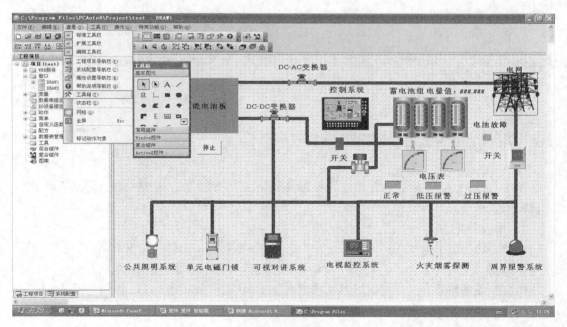

图 10-46　连接各个器件

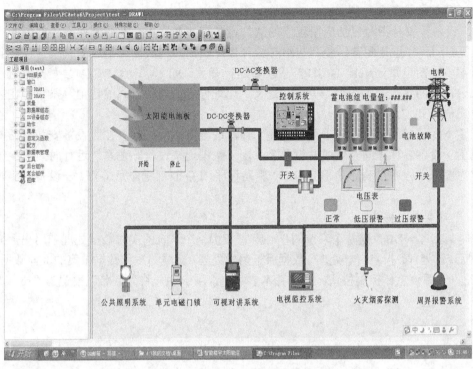

图 10-47　太阳能系统控制系统的主界面

2. 动画连接

动画连接是指画面中图形对象与变量或表达式的对应关系。建立了连接后，在系统运行时，根据变量或表达式的数据变化，图形对象将会改变颜色、大小等外观，文本会进行动态刷新。这样就将现场真实的数据放映到计算机控制换面中，从而达到监控的目的。

本系统中分别对开关、报警灯等进行了相关动画连接，从而可以动态地实现系统的控制。双击器件图形把器件图形与数据库中的变量对应，如图 10-48 所示。

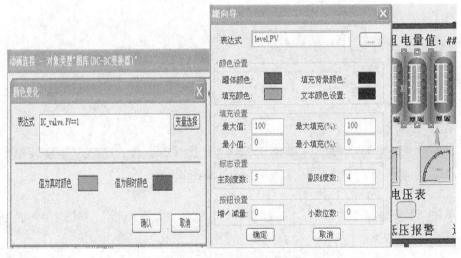

图 10-48　进行相关动画连接

3. I/O 设备设置及管理

I/O 设备设置是指对包括应用程序的软件设备和数据采集交换的硬件设备在内的广义上 I/O 设备驱动程序进行配置，使其与组态软件建立通信，构成一个完成的系统，在被监控系统中对蓄电池的电量 level，DC-DC 变换器运行开关 DC_valve，DC-AC 变换器运行开关 AC_valve，电网供电开关 in_el 等进行定义、地址分配、通信方式的选定等操作，在控制系统中建立仿真 PLC。

配置 I/O 设备的过程在图形开发环境 Draw 的导航器中进行，按照设备安装对话框的提示完成 I/O 设备名称，同时生成的设备名称用于数据连接过程。在系统运行时，力控组态软件通过内部管理程序自动启动相应的 I/O 驱动程序，I/O 驱动程序负责与 I/O 设备的实时数据交换。

4. 创建实时数据库

实时数据库（DB）是整个系统的核心，它负责整个系统的实时数据处理和历史数据的存储、数据统计处理、报警信息处理、数据服务请求处理，完成与过程数据采集的双向数据通信。

① 设置系统总体控制按钮。在"基本参数"选项卡中，将"点名"设置为"run"，如图 10-49 所示。

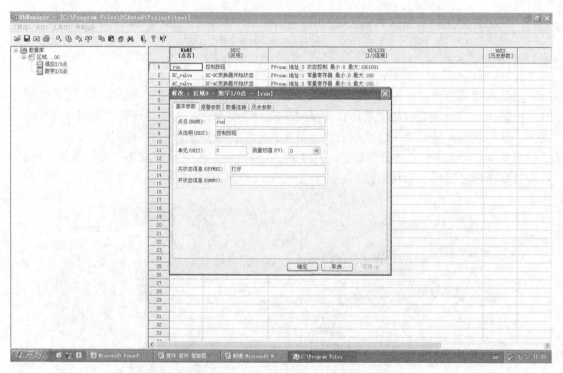

图 10-49　设置系统总体控制按钮

② 单击"数据连接"选项卡，"寄存器类型"选择"状态控制"，如图 10-50 所示。

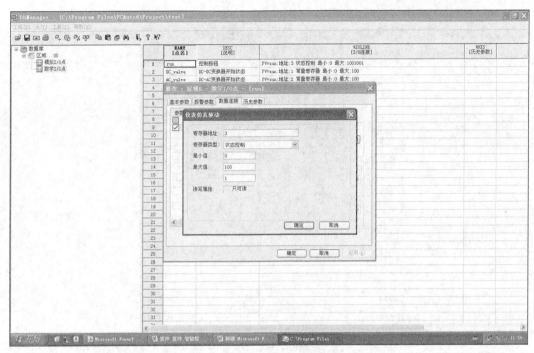

图 10-50　连接项选择

③ 设置开关、警报器、指示灯等数据点，操作方法同上，但在"数据连接"选项卡中"寄存器类型"选择"常量寄存器"，如图 10-51 所示。

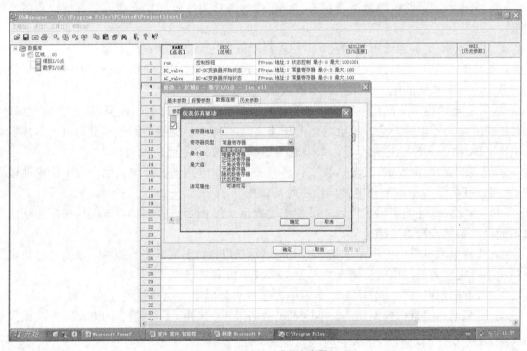

图 10-51　选择"常量寄存器"

查看系统实时数据库,如图 10-52 所示。

图 10-52　系统实时数据库

5. 按照监控内容进行程序设计

(1)当白天太阳能电池板工作状态时,工作状态灯为绿色,太阳能控制系统检查蓄电池电量。

① 若蓄电池电量为低电量状态,电压表显示低电压,出现低电压报警,此时蓄电池需要充电,蓄电池充电开关打开,DC-DC 变换器开关打开,DC-AC 变换器开关关闭,电网供电开关关闭,楼宇负荷的电量由太阳能电池板供应,并且向蓄电池充电。

② 若蓄电池电量为满电量状态,电压表显示高电压,出现高电压报警,防止蓄电池损坏,此时不需要再向蓄电池充电,蓄电池充电开关关闭,DC-DC 变换器开关依然打开,为楼宇负荷供电。DC-AC 变换器开关打开,太阳能电池板把多余电量向电网输送。

③ 若蓄电池电量一般,DC-AC 变换器开关关闭,电网供电开关关闭,太阳能电池板通过 DC-DC 变换器为蓄电池充电并向楼宇负荷供电。

(2)当夜间或连续阴雨天气,太阳能电池板出于停止工作状态时,工作状态灯为红色,太阳能控制系统检查蓄电池电量。

① 若蓄电池电量为低电量状态,电压表显示低电压,出现低电压报警,说明蓄电池电量不足以维持楼宇负荷,电网供电开关打开,为楼宇负荷供电。

② 若蓄电池电量为一般状态,蓄电池为楼宇负荷供电,电网供电开关关闭。

③ 若蓄电池电量保持满状态,电压表显示高电压,出现高压报警,因太阳能电池板停止工作,蓄电池不会一直保持满状态,所以会触发警报,显示蓄电池放电故障,电网供电开关打开,为楼宇负荷供电(设计监控画面见图 10-53)。

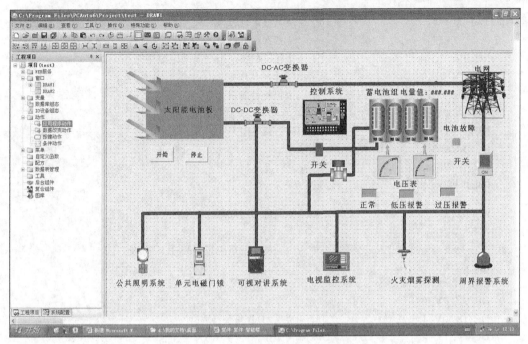

图 10-53 太阳能光伏转换监控图

单击"动作"中的"应用程序动作"（见图 10-54）准备写入程序。

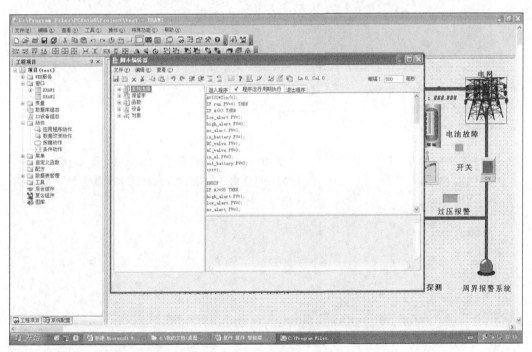

图 10-54 单击"动作"中的"应用程序动作"

写入程序：

```
A=100*Sin(t);              #由于没有真实设备，假设输入为正弦波
IF run.PV==1 THEN          #系统运行时，run.pv=1
```

```
        dianwang.pv=0;                      #电网供电开关关闭
      IF A<=3 THEN                          #当蓄电池电量小于等于 3%时
        low.PV=1;                           #低压报警，电池向蓄电池充电
        high.PV=0;
        in_battery.PV=1;                    #向蓄电池组充电
        DC_DC.PV=1;                         #DC-DC 变换器运行
        DC.PV=1;                            #负载供电开关打开
        DC_AC.PV=0;
        AC.PV=0;
        out_battery.PV=0;

        t=t+1;                              #电量随时间增加而增加
      ENDIF
      IF A>=3&&A<=95 THEN                   #当蓄电池组电量≥3%且≤95%时
        low.PV=0;
        high.PV=0;
        DC_AC.PV=0;
        DC_DC.PV=1;                         #DC-DC 变换器运行
        DC.PV=1;
        AC.PV=0;
        out_battery.PV=0;
        in_battery.PV=1;                    #向蓄电池组充电

        t=t+1;

      ENDIF

      IF A>=95 THEN                         #当蓄电池组电量大于等于 95%
        high.PV=1;                          #高压警报
        low.PV=0;
        in_battery.PV=0;
        DC_AC.PV=1;                         #在 DC-DC 变换器运行下，DC-AC 变换器运行
        DC_DC.PV=1;                         #向电网送电开关打开，向负载供电开关打开
        AC.PV=1;
        DC.PV=1;
        out_battery.PV=0;

        t=90;
      ENDIF

    ENDIF
    IF run.PV==0 THEN                       #当系统不运行时

      IF  A>=95   THEN                      #蓄电池组电量大于等于 95%时
        low.PV=0;
        high.PV=1;                          #高压报警
        DC_AC.PV=0;                         #DC-AC，DC-DC 都不运行
```

```
        DC_DC.PV=0;

        out_battery.PV=1;                    #蓄电池向负载供电
        in_battery.PV=0;
        DC.PV=0;
        AC.PV=0;
        t=t-1;

    ENDIF
    IF A>=3&A<=95   THEN                     #当电池电量在 3%～95%
        low.PV=0;                            #无报警，并且电池向负载供电，其他开关关闭
        high.PV=0;
        DC_AC.PV=0;
        DC_DC.PV=0;
        DC.PV=0;
        AC.PV=0;

        out_battery.PV=1;
        in_battery.PV=0;
        t=t-1;
    ENDIF
    IF A<=3 THEN                             #当蓄电池电量小于等于 3%时
        low.PV=1;                            #低压报警
        high.PV=0;
        DC_AC.PV=0;
        DC_DC.PV=0;
        DC.PV=0;
        AC.PV=0;
        dianwang.pv=1;                       #电网为负载供电
        out_battery.PV=0;
        in_battery.PV=0;
        t=0;

    ENDIF
```

复习与思考题

1. 力控组态软件的安装需要经过哪些步骤？
2. 力控组态软件安装中有演示、开发和正式条款，它们分别表示什么？
3. 力控组态软件的典型应用包括哪几个方面的内容？
4. 力控组态软件的开发环境中的图形库有哪些图形？
5. 力控组态软件由哪 5 部分组成？主要技术指标有哪些？
6. 力控组态软件定义的 I/O 设备有哪些类型？

参 考 文 献

[1] 马国华. 监控组态软件及其应用. 北京：清华大学出版社，2001.

[2] 赵德申. 供配电技术应用. 北京：高等教育出版社，2004.

[3] 雍静. 建筑智能化技术. 北京：科学出版社，2008.

[4] 柳春生. 现代供配电系统实用与新技术问答. 北京：机械工业出版社，2008.

[5] 王娜. 智能建筑概论. 北京：人民交通出版社，2002.

[6] 王波. 智能建筑基础教程. 重庆：重庆大学出版社，2002.

[7] 刘国林. 建筑物自动化系统. 北京：机械工业出版社，2002.

[8] 范国伟. 楼宇智能化设备运行与控制. 北京：人民邮电出版社，2010.

[9] J. Filipe and K. Liu, "The EDA Model: An Organizational Semiotics Perspective to Norm-Based Agent Design," Proceedings of the Agents'2000 Workshop on Norms and Institutions in Multi-Agent Systems. Spain.

[10] U. Rutishauser, J. Joller, and R. Douglas, "Control and Learning of Ambience by an Intelligent Building," IEEE Transactions on Systems, Man, and Cybernetics, Part A: Systems and Humans, vol. 35, pp. 121-132, 2005.